北大社·"十四五"普通高等教育本科规划教材
高等院校机械类专业"互联网+"创新规划教材
北方民族大学先进装备制造现代产业学院规划教材

液气压传动实验实训指导书

主　编　朱德馨　李茂强
副主编　崔　楠　南晓辉　张春涛

北京大学出版社
PEKING UNIVERSITY PRESS

内 容 简 介

全书共分 6 章（除绪论外），分别为机电液气综合实验台简介、液压元件的拆装及性能测试实验、液压基本回路实验、气动基本回路实验、液气压回路的 FluidSIM 仿真实验、机电液气一体化实训。在附录中列出了设备保养与基本故障维修、机电液气一体化实训报告参考模板、AI 伴学内容及提示词。

本书主要以"液压与气压传动"课程为载体，从液压到气动、从元件到回路、从实验到实训，在液气压传动实验及实训等内容的基础上层层展开，逐渐深入，旨在提升学生综合应用专业知识的能力，使其熟悉并掌握各液气压元件的结构组成和性能特点，进一步提高学生分析、设计和应用液气压基本回路的能力。

本书可作为高等院校机械类及近机类各专业"液压与气压传动"课程的实验及实训指导书，也可供从事相关行业的企业生产技术人员、研发人员使用。

图书在版编目（CIP）数据

液气压传动实验实训指导书/朱德馨，李茂强主编. -- 北京：北京大学出版社，2024.12. --（高等院校机械类专业 "互联网+" 创新规划教材）. -- ISBN 978-7-301-35878-8

Ⅰ. TH137；TH138

中国国家版本馆 CIP 数据核字第 2025UW3888 号

书　　　名	液气压传动实验实训指导书 YEQIYA CHUANDONG SHIYAN SHIXUN ZHIDAOSHU
著作责任者	朱德馨　李茂强　主编
策 划 编 辑	童君鑫
责 任 编 辑	童君鑫　郭秋雨
数 字 编 辑	蒙俞材
标 准 书 号	ISBN 978-7-301-35878-8
出 版 发 行	北京大学出版社
地　　　址	北京市海淀区成府路 205 号　100871
网　　　址	http://www.pup.cn　新浪微博：@北京大学出版社
电 子 邮 箱	编辑部 pup6@pup.cn　总编室 zpup@pup.cn
电　　　话	邮购部 010-62752015　发行部 010-62750672　编辑部 010-62750667
印 刷 者	三河市北燕印装有限公司
经 销 者	新华书店
	787 毫米×1092 毫米　16 开本　9.5 印张　228 千字 2024 年 12 月第 1 版　2024 年 12 月第 1 次印刷
定　　　价	36.00 元

未经许可，不得以任何方式复制或抄袭本书之部分或全部内容。
版权所有，侵权必究
举报电话：010-62752024　电子邮箱：fd@pup.cn
图书如有印装质量问题，请与出版部联系，电话：010-62756370

前　　言

随着国民经济和现代工业技术的发展，液气压传动技术已经成为包括传动、控制和检测在内的一门完整的自动化技术，广泛应用于冶金机械、武器装备、船舶重工、航空航天等领域。随着国家经济转型发展的需要，液气压装备制造业亟须通过创新研发新技术，培养具备高综合技能、高工程素养的新型人才。党的二十大报告明确提出，"深入实施人才强国战略""加快建设国家战略人才力量，努力培养造就更多大师、战略科学家、一流科技领军人才和创新团队、青年科技人才、卓越工程师、大国工匠、高技能人才"。因此，培养高质量人才，是当代教育工作者的使命。

针对制造强国建设和地区产业高质量发展存在的高素质应用型人才短缺问题，为促进区域产业发展，解决产教脱节问题，创新人才培养模式，培养高素质应用型人才，2022年6月30日北方民族大学成立了先进装备制造现代产业学院。学院秉承"理工融合、以理强工、以工促理"的建设理念，坚持"育人为本、产业为要、产教融合、创新发展"原则，以所在自治区先进装备制造现代产业转型升级和高质量发展为牵引，努力打造产教融合，科教融合，校、企、行、政多方共赢的一体化新型育人平台，培养先进装备制造与智能铸造产业高素质应用型人才。

本书系北方民族大学先进装备制造现代产业学院的系列规划教材之一。本书以"液压与气压传动"课程为载体，系统地融合了液压元件的拆装及性能测试、液气压回路设计、机电液综合实训及虚拟仿真软件的应用等实践内容。本书从液压到气动，从元件到回路，从实验到实训逐级展开，深入浅出。"液压与气压传动"课程作为机械类专业的主干课程，其对应的实验及实训是本课程重要的实践环节。设置液气压传动实验及实训的目的是验证、巩固课堂所学的基本概念和基本理论，并在此基础上，提高学生对液气压传动的分析、设计和应用能力，使学生了解并掌握液气压元件的作用、大型机械液气压传动系统基本结构及系统工作原理。同时，培养学生理论联系实际、分析解决问题及实际动手的能力。通过综合设计创新性开放实验及实训，促进学生个性发展，培养学生自主创新能力，为学生今后从事机电液设备的设计、制造及使用方面的工作打下坚实的基础。

党的二十大报告指出，紧跟时代步伐，顺应实践发展，以满腔热忱对待一切新生事物。本书积极顺应人工智能发展趋势，在附录部分提供了AI伴学内容及提示词，引导学生利用生成式人工智能（AI）工具，如DeepSeek、Kimi、豆包、通义千问、文心一言、

ChatGPT 等来进行拓展学习。

全书共分 6 章（除绪论外），第 1 章结合目前比较典型的机电液气综合实验台，介绍了机电液气综合实验台的结构组成、操作说明和注意事项；第 2 章介绍了液压元件的拆装及性能测试实验；第 3 章和第 4 章介绍了具有一定普适性和通用性的液气压传动实验的基本实验原理和实验步骤等；第 5 章介绍了利用 FluidSIM 软件对液气压传动系统进行仿真实验的方法和操作过程；第 6 章结合机电液气一体化设计的要求，基于机电液气综合实验台，给出了部分实训项目，以此来锻炼学生对专业知识的综合应用能力。

在本书的编写过程中，多位同人提供了宝贵的意见。北方民族大学先进装备制造现代产业学院给予了资助与支持，昆山巨林科教实业有限公司也给予了大力支持，提供了许多技术资料，编者在此一并表示感谢。

由于编者水平有限，书中难免存在不妥之处，敬请广大同人和读者批评指正。

编　者

2024 年 12 月

【资源索引】

目 录

绪论 ·· 1
  0.1 液气压传动实验及实训目的 ········· 2
  0.2 液气压传动实验及实训基本
     要求 ··· 2
  0.3 液气压传动实验及实训实施
     建议 ··· 2
  0.4 相关知识 ································· 3
  习题 ··· 6

第 1 章 机电液气综合实验台简介 ····· 7
  1.1 机电液气综合实验台结构组成 ····· 8
  1.2 机电液气综合实验台操作说明 ··· 17
  习题 ·· 19

第 2 章 液压元件的拆装及性能测试
        实验 ······································ 20
  2.1 液压动力元件的拆装 ··············· 21
  2.2 液压控制元件的拆装 ··············· 32
  2.3 液压泵性能测试 ······················ 37
  2.4 溢流阀性能测试 ······················ 40
  2.5 液压缸性能测试 ······················ 43
  习题 ·· 46

第 3 章 液压基本回路实验 ··············· 47
  3.1 压力控制基本回路 ··················· 48
  3.2 速度控制基本回路 ··················· 59
  3.3 方向控制基本回路 ··················· 72
  习题 ·· 81

第 4 章 气动基本回路实验 ··············· 82
  4.1 气动基本回路实验概述 ············ 83
  4.2 气动方向控制回路 ··················· 84

  4.3 气动速度控制回路 ··················· 87
  4.4 气动压力控制回路 ··················· 94
  4.5 多缸气动控制回路 ··················· 96
  4.6 逻辑气动控制回路 ··················· 98
  4.7 其他气动控制回路 ················· 101
  习题 ·· 103

第 5 章 液气压回路的 FluidSIM 仿真
        实验 ···································· 104
  5.1 FluidSIM 软件概述 ················ 105
  5.2 气动回路的 FluidSIM 仿真 ····· 107
  5.3 液压回路的 FluidSIM 仿真 ····· 113
  5.4 机床液压传动系统工作过程仿真
     实验 ····································· 118
  习题 ·· 119

第 6 章 机电液气一体化实训 ········· 120
  6.1 公共汽车开关门气动控制系统
     设计 ····································· 122
  6.2 继电器控制的多缸顺序动作
     回路设计 ······························ 125
  6.3 基于 PLC 的组合机床动力滑台液压
     传动系统设计 ······················· 127
  6.4 基于 PLC 的多缸顺序动作回路
     设计 ····································· 131
  习题 ·· 133

附录 1 设备保养与基本故障维修 ····· 134
附录 2 机电液气一体化实训报告
      参考模板 ····························· 136
附录 3 AI 伴学内容及提示词 ·········· 141
参考文献 ·· 143

绪 论

本章教学要点

知识要点	掌握程度	相关知识
实验及实训目的与基本要求	了解开展实验的目的；熟悉实验操作的基本要求	实验及实训的目的、实训基本要求
实验及实训实施建议与相关知识背景	了解实验及实训开展过程中的建议；理解课程的相关知识背景	实验及实训实施建议，液气压传动技术分类、发展现状、前景与存在的难题

课程导入

"液压与气压传动"是机械类专业一门重要的专业技术课程。为了加强学生对理论知识的掌握，提高学生实际应用知识的水平，各高校均相应开设了配套的实验、实训等课程，以此来验证、巩固学生课堂所学的基本概念和基本理论，并在此基础上，训练学生对液气压传动的分析、设计和应用能力，使学生真正了解并掌握液气压元件的作用、液气压元件性能测试方法、液气压回路的设计，以及复杂液压传动系统的工作原理等。为了能够更好地开展该实验课程，亟需一本专门的实验实训指导书，用以指导学生顺利完成相应的实践项目。

0.1 液气压传动实验及实训目的

液气压传动实验及实训是学习"液压与气压传动"课程的重要组成部分。通过学习该部分内容，学生可加深对"液压与气压传动"课程中基本概念、基本原理的理解，巩固并深化有关理论知识，培养实验技能和实际动手能力，增强创新意识，提高分析和解决实际工程问题的综合能力。

0.2 液气压传动实验及实训基本要求

为保障液气压传动实验及实训顺利开展，进行实验或实训时应做到以下几点。

(1) 每次实验前，认真复习与实验有关的课程内容，预习实验实训指导书，做好实验前的准备工作。实验开始时，指导教师根据需要，提问学生本实验的实验目的、具体实验内容和实验步骤。

(2) 开展实验时，要精力集中，既动手，又动脑。根据拟定的实验步骤，对照有关原理图，逐步开展实验。

(3) 开展实验时，要注意安全，不属于本次实验内容的设备、仪器、按钮等，不要随意操作。实验过程中有不了解的地方，应及时向指导教师提出，了解后再进行实验。当实验过程中出现故障时，应立即向指导教师报告，以便妥善处理。

(4) 每次实验完成后，应按实验报告格式要求撰写实验报告，完成相关题目，并按时交给指导教师批阅。

0.3 液气压传动实验及实训实施建议

本实验及实训既是理论课程的延伸，又是学生接触生产实践的导入，是理论和实际联系的纽带，故建议学生在实验过程中尽量做到以下几点。

(1) 巩固已学理论知识，进一步了解一般液气压元件的结构、原理及各种基本回路的特性。

（2）联系生产实际，了解理论与实际的差异，找出理论应用于实际的不足之处，并分析应如何弥补与改进。

（3）针对液气压元件及回路中的常见故障，分析原因，找出关键点，培养创造性地进行系统设计、维护与改进的能力。

（4）对于实践过程中有关液气压工具的使用方法（如管钳、各种扳手的使用及各种油管接头的安装等），建议学生在指导教师的指导下，认真训练，熟练掌握相关技能，以满足后续实验课程的要求。

（5）比较结构相似或性能相近的液气压元件及回路的结构、原理、性能、应用等方面的差异，尽量亲自动手做实验。

0.4 相关知识

1. 液气压传动技术分类

液气压传动技术包括很多内容，应用也十分广泛。依据工作特征，液气压传动技术一般分为液气压传动与液气压控制两大类。

（1）液气压传动。

液气压传动以液压油或压缩空气为工作介质，先通过动力元件（液压泵或空气压缩机）将原动机的机械能转换为流体的压力能，再通过控制元件（阀）控制流体流动有关参数，然后借助执行元件（缸或马达）将压力能转换为机械能，驱动负载实现预定运动。当外界因素对上述过程有扰动时，执行元件的输出量一般会或多或少地偏离原来的调定值，产生一定的误差（误差应全部控制在要求范围内），但这一般不影响系统的正常工作。

液气压传动系统使用通断式或逻辑式控制元件。例如，一般液气压传动系统采用的是压力阀、流量阀、方向阀，以及由此组成的组合阀、集成阀、逻辑阀等。

（2）液气压控制。

与液气压传动系统一样，液气压控制系统包括动力元件、控制元件和执行元件，并通过流体传递能量。二者不同之处：液气压控制系统有反馈装置，反馈装置的作用是反馈执行元件的输出量（位移、速度、力等），并将反馈结果与输入量（变化的或恒定的）进行比较，比较后产生的偏差作用于控制系统，促使执行元件的输出量随输入量的变化而变化，或维持执行元件的输出量恒定。所有液气压控制系统均可被视为装有反馈装置、构成闭环回路的液气压传动系统。液气压控制系统具有较强的抗扰动能力，故系统输出量精度很高；同时，它还是一个自动控制系统，也称液气压随动系统或液气压伺服系统。

液气压控制系统采用伺服控制元件（如电液伺服阀），具有反馈结构，且借助电气装置进行控制，故该控制系统具有较高的控制精度和较快的响应速度。液气压控制系统所控制的压力和流量不是通断的开关式状态，而是连续变化的。液气压控制系统对流体污染控制有极为严格的要求，且其输出功率可放大。

比例控制是介于液气压传动与液气压控制之间的一种控制。比例控制所用的比例控制阀是在通断式控制元件和伺服控制元件的基础上发展起来的一种新型电液伺服控制元件。

比例控制阀兼备了通断式控制元件和伺服控制元件的部分特点。比例控制主要应用于手调通断式控制不能满足要求，但又无需达到像电液伺服控制那样具有高精度和快响应速度的液气压控制系统。另外，比例控制阀与电液伺服阀不同，它对流体污染控制有严格的要求，且电气控制回路要比伺服控制（反馈）回路简单得多。

2. 我国液气压传动技术的发展概况

（1）我国液气压传动技术的发展现状。

进入二十一世纪以来，我国液气压行业步入了快速发展阶段，以工程机械、冶金机械、矿山机械、农业机械、航空航天、智能机床等为代表的装备制造业得以快速发展。液气压传动技术已经成为现代化系统和机械构件中的主要组成部分。利用液气压传动技术可以对能量进行合理配置和控制，保证能量有效转换，强化机械的传动力、速度和效率，保证机械的各项指标符合规定，从而促进我国机电产品向着自动化、高速化和高精度的方向发展。

我国液气压传动技术起步相对较晚，其在工业生产领域中的应用还有很大提升空间，如大排量柱塞泵等关键设备自主供应能力不足，暂时依赖进口。这增加了企业的生产成本，在一定程度上制约了我国液气压传动技术的自主研发与创新，阻碍了行业技术水平的提升。

为了让液气压传动技术可以更好地适应铁路、纺织、家电和冶金等不同传统产业的发展，我国先后出台了《中国制造 2025》《中华人民共和国国民经济和社会发展第十四个五年规划和 2035 年远景目标纲要》《液压液力与气动密封行业"十四五"发展规划纲要》等文件，深入实施制造业核心竞争力提升和技术改造专项行动，鼓励企业应用先进技术，加大设备更新力度，推动新产品规模化应用，培育先进制造业集群，促进液气压行业创新发展。党的二十大报告指出，强化企业科技创新主体地位，发挥科技型骨干企业引领支撑作用。近年来，液气压传动技术在我国机床、工程机械、塑料机械和汽车制造等领域得到了广泛应用。该技术的应用，实现了自动化传动、控制与检测，有力推动了相关行业的快速发展。为推动液气压传动技术创新，我国积极开展新产品研发，成功推出众多高新技术产品。以北京某机床企业为例，其在机床运行过程中，采用了直动式电液伺服阀，显著提升了机床的性能与加工精度。宁波华液机器制造有限公司专注于电液比例压力流量控制技术的研发，大力推动高新技术产品的创新。该公司深耕液气压传动技术，成功填补了大排量柱塞泵的技术空白，其产品在大型设备领域展现出极高的适配性。与此同时，天津某公司也在齿轮泵领域取得显著成果，研发并应用了三款结构新颖、耐高压且性能指标先进的齿轮泵，其产品广泛应用于矿山机械等领域。高压、高性能叶片泵等先进设备的推广，不仅加速了液压传动产品的迭代升级，还显著提升了机电产品的整体性能。持续开发和创新现有液气压传动技术，既能满足机电产品的生产需求，助力重大工程项目顺利实施，推动重大技术装备的完善，又能让人们深刻认识到液气压传动技术的重要性，进而为提升我国整体科技水平提供有力支撑。

（2）液气压传动技术的发展趋势。

为推动现有液气压传动技术与元件的改进，进一步扩大液气压传动技术的应用领域，顺应行业未来发展需求，液气压传动技术在当下呈现出以下发展趋势。

① 降低能耗，提高能源利用率。

党的二十大报告指出，推动经济社会发展绿色化、低碳化是实现高质量发展的关键环节。随着环保要求日益严格，能源成本持续攀升，液气压行业对产品节能降耗性能的关注度与日俱增。研发高效节能的液气压元件及系统，不仅能提高能源利用率，降低设备运行成本，而且能减少能源浪费与碳排放，这无疑将成为行业未来发展的重要方向。

尽管液气压传动技术在机械能转换方面已实现了更新，但其在实际能量转换过程中，仍存在一定损耗，这主要体现在系统容积损失和机械运行损失上。若能充分利用系统中的压力，便可实现能量的高效转换，大幅提升系统工作效率。例如，通过优化液压马达设计，采用先进控制技术与节能型液压元件，可有效实现能源的高效利用。从长远来看，低碳、节能、减排和环境友好，是液气压行业实现可持续发展的必然战略要求。

② 主动维护。

伴随工业数字化、信息化、网络化与智能化的深入发展，万物互联技术对液气压行业产生了深远影响。如今，液气压传动系统智能化趋势愈发明显，逐步拥有自诊断、自适应和自优化功能。传统液气压传动系统的维护方式，已难以适应社会发展需求，亟待创新。相较于过去单纯的故障拆修，现代维护理念更强调预测与检测故障。一旦发现故障隐患，便能提前开展维修工作，及时排除潜在问题，有效避免设备发生恶性事故。

主动维护技术在液气压传动系统中的应用，不仅能对故障做出精准诊断，而且能对设备运行状态进行全面检测。以往，维修人员在对液气压传动设备和系统进行检修时，多凭借个人经验，通过听、触、测等方式判断故障。然而，这种方式已无法满足现代化工业和机械行业的发展需求，甚至会阻碍行业向大型化、现代化迈进。因此，推动液气压传动系统的升级改进，实现故障诊断的现代化，显得尤为重要。

③ 机电一体化。

研究表明，将电子技术与液气压传动技术深度融合，能够为传统液气压传动技术及液气压控制技术注入新活力，持续拓展其应用领域，进而推动机电一体化发展。在这一过程中，合理设计液气压传动系统至关重要，增强系统的柔性与智能特性，不仅能够有效解决液气压传动系统效率低下、漏油等问题，提升维修便捷性，而且能充分发挥液气压传动系统的优势，使其更好地适应时代发展需求。

展望未来，伺服控制技术的应用将愈发广泛，液气压传动系统也会更加完善。压力、位置、速度和加速度等各类传感器的研发与应用将走向标准化。与此同时，计算机价格持续走低，监控系统不断完善，这为计算机在液气压传动技术领域的应用创造了有利条件。计算机能够实现对液气压传动系统的集中监控与自动调节；同时，借助标准化的高精度计算机仿真技术，优化系统设计，还能将其应用于液气压元件的研发与创新，实现系统运行的自动化控制，保障液压泵稳定运行。因此，采用通用化控制机构，加速机电一体化进程，将成为液气压传动技术未来的发展趋势。

综上所述，液气压传动技术在我国产业发展中应用极为广泛，具有重要的实用价值。目前，采用液气压传动技术生产的产品已在家电、机电等多个领域得到有效应用。为进一步提升这一技术的应用，推动液气压传动技术朝着智能化、信息化、自动化方向持续发展，以满足高新技术产业与精密加工的需求，持续培养高素质应用型人才刻不容缓。

习 题

1. 简述开展液气压传动实验及实训的目的及意义。
2. 结合自己的理解,分析影响我国液气压传动技术发展的因素有哪些。
3. 液气压传动技术有哪些发展趋势?
4. 结合自己所学的理论知识,谈一谈该如何提高液气压传动系统的工作效率。

第1章
机电液气综合实验台简介

本章教学要点

知识要点	掌握程度	相关知识
机电液气综合实验台结构组成	了解机电液气综合实验台的结构布局； 熟悉机电液气综合实验台的功能模块	机电液气综合实验台结构及特点；机电液气综合实验台模块组成、功能，以及对应的使用说明
机电液气综合实验台操作说明	了解机电液气综合实验台的操作注意事项； 熟悉机电液气综合实验台的操作要求	机电液气综合实验台操作注意事项，实验实训操作要求

课程导入

为了能够较好地开展液气压传动实验和机电液气一体化实训等实践活动，选择一套综合性的实验平台是非常重要的。机电液气综合实验台（有时为了便于表述简称"实验台"）正是为开展该类实践活动而设计的，该实验台采用快换式接头的橡胶油管连接方式，连接各个液气压元件，综合运用液气压传动技术、PLC 技术、传感器检测技术等多学科内容，实现实验台的多功能性和多学科技术应用的综合性。该实验台结构灵活，能够培养和提高学生实践操作能力、设计能力、综合应用能力及创新设计能力，并在加强设计性实验及综合性应用实践环节方面发挥重要作用。本书涉及的实验和实训项目均是基于北方民族大学所使用的昆山巨林科教实业有限公司生产的某型号机电液气综合实验台开展的，为便于后期开展实验及实训，现对该实验台的结构组成及基本操作进行简要说明。

1.1 机电液气综合实验台结构组成

1.1.1 机电液气综合实验台结构及特点

机电液气综合实验台如图 1.1 所示，该实验台主要具有以下特点。

图 1.1 机电液气综合实验台

（1）实验台为立式结构，可供 2~3 名学生同时开展液气压元件的安装、回路搭接、系统仿真等实验操作。

（2）实验台操作面积大，能集成多个子系统进行综合性实验或实训。

（3）实验台采用 T 形槽式铝型材制作而成，液压管路通过带有快换式接头的橡胶油管连接，气压管路利用气动快换式接头连接气动软管。

（4）液气压元件底座安装有弹簧卡式模块，便于将液气压元件卡在实验台上的 T 形槽中。

(5) 实验台配备4个抽屉工具柜,可存放液气压元件或文件资料等。

(6) 实验台台面具有残油回收功能,台面上的残油可经配套的漏油过滤网回收至油箱中,防止实验时残油因泄漏而外溢到其他地方。

(7) 实验台台面左下方放置有液压泵。液压泵由电动机、叶片泵、液位指示计、压力表、油箱及其他附件组成(图1.2)。液压泵与实验台一体化安装,具有电气过载保护、缺相保护等功能,能够为实验提供必要的安全保护。

1—电动机;2—叶片泵;3—液位指示计;4—压力表;
5—油箱;6—油箱盖;7—散热装置。

图 1.2 液压泵

图1.2所示液压泵中的叶片泵公称排量为6.67mL/r,额定压力为6.3MPa;电动机的电源为50Hz的380V(1±10%)交流电,功率为1.5kW,额定转速为1420r/min,运行噪声低于100dB;油箱的公称容积约为40L,油箱上附有液位指示计,以及吸油/回油滤油器、空气滤清器等。

(8) 实验台台面右下方放置气源发生装置(空气压缩机),该装置主要由气泵、气泵电源开关、储气瓶、压力表及手动开关阀等组成(图1.3),可为系统提供最高达0.8MPa的气体压力。

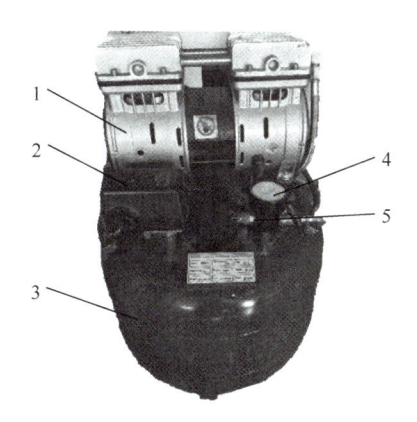

1—气泵;2—气泵电源开关;3—储气瓶;4—压力表;5—手动开关阀。

图 1.3 气源发生装置

1.1.2 机电液气综合实验台模块组成

1. 直流电源模块

（1）基本结构。

直流电源模块主要由交流 220V 电压表、直流 24V 指示灯、直流 24V 输出接线端口、交流 220V 插座及电源总开关等组成，如图 1.4 所示。

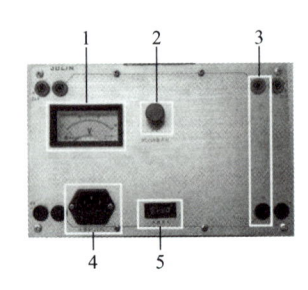

1—交流 220V 电压表；2—直流 24V 指示灯；3—直流 24V 输出接线端口；
4—交流 220V 插座；5—电源总开关。

图 1.4　直流电源模块

（2）功能简介。

直流电源模块主要用于提供 24V 直流电和显示电源的输出状态。

直流电源模块有短路保护、过载保护等功能，若实验过程中发生短路或过载，该模块会自动断路。直流电源模块配有指针式电压监控装置，且端口开放，便于使用；其电源插孔均采用了带护套保护的插座端口，能够有效提高实验的安全性。

（3）使用说明。

① 严禁在带电状态下连接导线、取放熔断器，严禁用手指抠护套内芯，以免触电。

② 在使用过程中，应防止电源（直流 24V）短路。若出现短路，应及时断电；待排除线路错误连接后，再继续使用。

③ 在使用过程中，若发现操作失误或外部控制出现误动作等危险情况，应及时切断电源。

④ 直流电源模块可提供 24V 直流电源，最大负载电流为 4.5A，应确保外部负载在直流电源模块负载范围内。

2. 电源接口扩展模块

（1）基本结构。

电源接口扩展模块由多个直流 24V 正极扩展接线端口和多个直流 24V 负极扩展接线端口组成，如图 1.5 所示。

（2）使用说明。

① 电源接口扩展模块为直流 24V 电源扩展接口。使用时把直流电源模块输出的 24V 正极、负极分别与图 1.5 所示的 1、2 相连。

② 在使用过程中，应防止电源（直流 24V）短路。若出现短路，应及时断电；待排

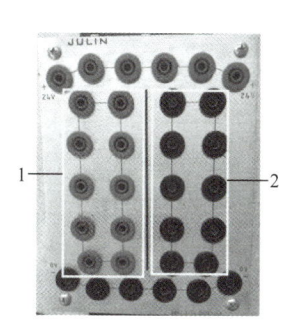

1—直流 24V 正极扩展接线端口；2—直流 24V 负极扩展接线端口。

图 1.5　电源接口扩展模块

除线路错误连接后，再继续使用。

③ 在使用过程中，若发现操作失误或外部控制出现误动作等危险情况，应及时切断电源。

④ 电源接口扩展模块最大负载电流为 4.5A，应确保外部负载在电源接口扩展模块负载范围内。

3. 继电器模块

（1）基本结构。

继电器模块主要由继电器工作指示灯、线圈、常闭端口、常开端口、公共端口等组成，如图 1.6 所示。

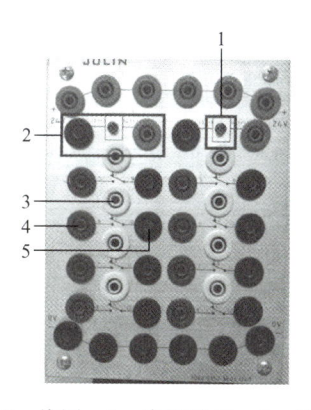

1—继电器工作指示灯；2—线圈；3—常闭端口；4—常开端口；5—公共端口。

图 1.6　继电器模块

（2）功能简介。

继电器模块的主要作用是利用继电器对电磁阀动作进行控制。该模块上的所有电源插孔均采用了带护套保护的插座端口，以保证实验安全。

（3）使用说明。

继电器的应用原理如图 1.7 所示，当触发 SQ1，继电器 1（KM1）得电，继电器 1（KM1）公共端口与常开端口接通，继电器 1（KM1）公共端口与常闭端口断开；同时，由于继电器 1（KM1）与继电器 2（KM2）是互锁的关系（电路互锁），因此当继电器 1

（a）继电器控制的液压回路　　　　（b）电路原理

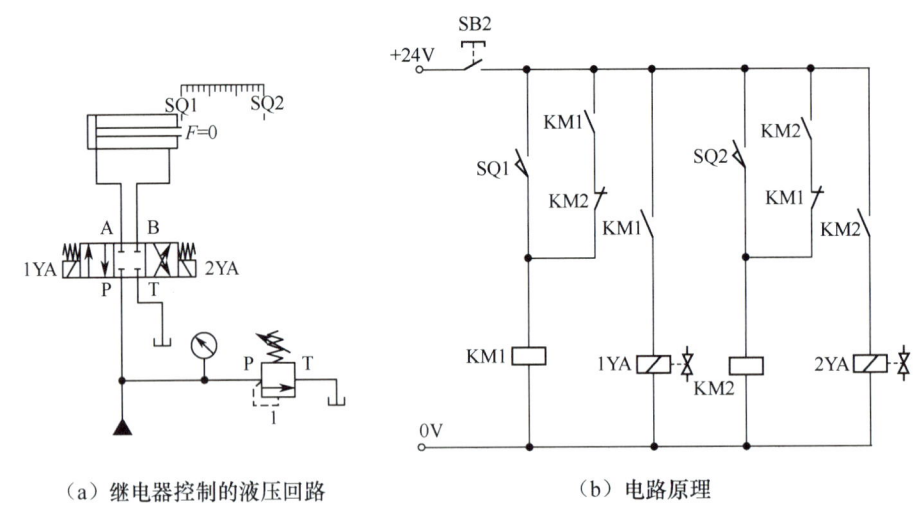

图 1.7　继电器的应用原理

(KM1) 得电闭合时，继电器 2（KM2）不能得电。同理，当触发 SQ2，继电器 2（KM2）先得电，相应的各端口也随之得电，继电器 1（KM1）不能得电。

（4）使用注意事项。

① 严禁在带电状态下连接导线、取放熔断器，严禁用手指抠护套内芯、触摸继电器触点等，以免触电。

② 在使用继电器模块前，必须仔细检查电气控制线路是否准确无误；确认无误后，再连接电气控制线路。

③ 继电器各个端口应与继电器触点一一对应，所有端口均处于开放状态。线路控制电压为直流 24V，应确保线路控制电压连接正确，以免烧坏继电器。

④ 在使用过程中，若发现操作失误或外部控制出现误动作等危险情况，应及时切断电源。

4. 时间继电器模块

（1）基本结构。

时间继电器模块主要由线圈端口、常开端口、常闭端口、公共端口、外控端口和时间显示及设置器等部分组成，如图 1.8 所示。

（2）功能简介。

时间继电器模块主要用于利用继电器控制的液压回路实验和气动回路实验，以及机电类的电气控制实验等（详见后续章节的实验项目介绍）。时间继电器模块的控制原理是根据设定的时间（输出），控制对应的常开端口、常闭端口的通断，进而达到所需的控制要求。

（3）使用说明。

① 时间继电器线圈端口。时间继电器线圈端口的作用是给时间继电器线圈提供接线端口。当时间继电器线圈得电时，若时间显示及设置器亮起，则说明时间继电器通电，时间继电器开始工作；反之，则说明时间继电器停止工作。

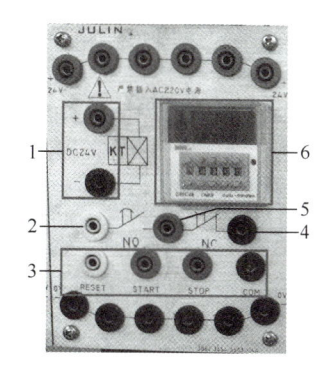

1—线圈端口；2—常开端口；3—外控端口；4—常闭端口；
5—公共端口；6—时间显示及设置器。

图 1.8　时间继电器模块

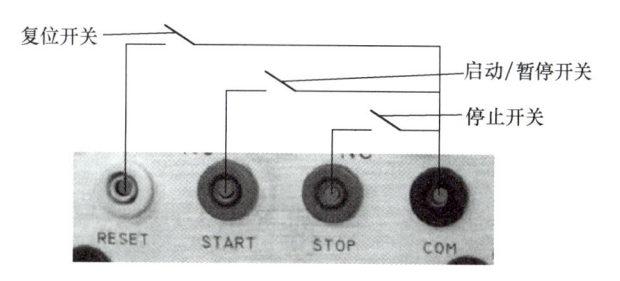

② 时间继电器外控端口。时间继电器外控端口接线示意图如图 1.9 所示，该外控端口具有重置和暂停等功能。

图 1.9　时间继电器外控端口接线示意图

在时间继电器运行过程中，当接通启动/暂停开关时，时间继电器时间将暂停；断开启动/暂停开关时，时间继电器继续工作，直到设定的时间运行完为止。

当时间继电器处于运行或运行完状态时，若接通复位开关，时间继电器 LED 显示时间将归零，此时时间继电器处于初始状态；若断开复位开关，时间继电器将重新计时。

（4）使用注意事项。

① 严禁在带电状态下连接导线、取放熔断器，严禁用手指抠护套内芯、触摸时间继电器触点等，以免触电。

② 使用时间继电器模块前，必须仔细检查电气控制线路是否准确无误；确认无误后，再连接电气控制线路。

③ 时间继电器各个端口应与时间继电器触点一一对应，端口全部开放。线路控制电压为直流 24V。时间继电器正极与负极必须一一对应，否则时间继电器无法正常上电工作。请确保线路控制电压连接正确，以免烧坏时间继电器。

④ 在使用过程中，若发现操作失误或外部控制出现误动作等危险情况，应及时切断电源。

5. 按钮控制模块

（1）基本结构。

按钮控制模块主要由自锁式点动按钮、常闭端口、常开端口、公共端口和旋钮等部分组成，如图1.10所示。

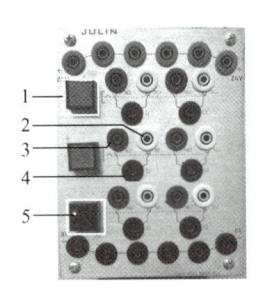

1—自锁式点动按钮；2—常闭端口；3—常开端口；
4—公共端口；5—旋钮。

图1.10 按钮控制模块

(2) 使用说明。

① 禁止带电连接导线。按钮控制模块控制电压为直流24V，请勿采用交流220V电压作为该模块的控制电压。

② 使用按钮控制模块前，必须仔细检查电气控制线路是否准确无误；确认无误后，再连接电气控制线路。

③ 按钮控制模块各个端口全部开放。可根据实际需求，在该模块外部连接电气控制线路。

④ 在使用过程中，若发现操作失误或外部控制出现误动作等危险情况，应及时切断电源。

6. 复位按钮控制模块

(1) 基本结构。

复位按钮控制模块主要由复位按钮、常闭端口、常开端口、公共端口等部分组成，如图1.11所示。

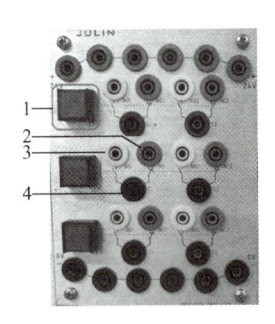

1—复位按钮；2—常闭端口；3—常开端口；4—公共端口。

图1.11 复位按钮控制模块

(2) 使用说明。

① 禁止带电连接导线。复位按钮控制模块控制电压为直流24V，请勿采用交流220V电压作为该模块的控制电压。

② 使用复位按钮控制模块前，必须仔细检查电气控制线路是否准确无误；确认无误后，再连接电气控制线路。

③ 复位按钮控制模块各个端口全部开放。可根据实际需求，在该模块外部连接电气控制线路。

④ 在使用过程中，若发现操作失误或外部控制出现误动作等危险情况，应及时切断电源。

7. 可编程控制器模块

（1）基本结构。

可编程控制器（programmable logical controller，PLC）模块主要由 PLC 控制器、带指示灯的电源总开关、PLC 的 I/O 接口及 PLC 输出电源等部分组成。图 1.12 所示 PLC 为 SIMENSS7 - 200 CPU 224。

1—PLC 控制器；2—带指示灯的电源总开关；3—PLC 的 I/O 接口
（绿色端口为 PLC 输入端，M 为输入公共端，黄色端口为 PLC 输出端，
L 为输出公共端见，二维码中的彩图）；4—PLC 输出电源。

图 1.12　SIMENSS7 - 200 CPU 224

（2）使用说明。

① 严禁在带电状态下连接导线、取放熔断器，严禁用手指抠护套内芯，以免触电。

② 使用 PLC 模块前，必须仔细检查电气控制线路是否准确无误；确认无误后，再连接电气控制线路。

③ 连接 PLC 模块的电气控制线路时，最好不要打开 PLC 模块电源总开关，以免因电气控制线路接线错误造成短路，烧坏 PLC。

④ PLC 模块的各个端口均与 PLC 模块触点一一对应，确保使用时正确无误。

⑤ PLC 模块电源为直流 24V，正极、负极连接必须正确无误。

⑥ 在启动 PLC 模块电源总开关之前，应仔细检查 PLC 模块电气控制线路是否正确。

⑦ 在使用过程中，若发现操作失误或外部控制出现误动作等危险情况，应及时切断电源，停止控制或操作。24V 和 0V 电源从直流电源模块（图 1.4）中接入。PLC 外部电路接线示意图如图 1.13 所示。

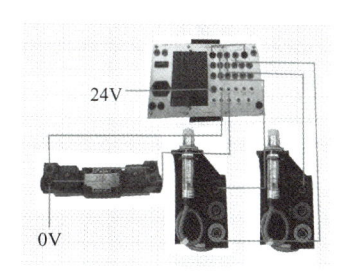

图 1.13　PLC 外部电路接线示意图

8．可扩展模块

（1）基本结构。

可扩展模块主要由流量表、压力表、转速表、传感器连接航插、模块电源开关及指示灯等组成，如图 1.14 所示。

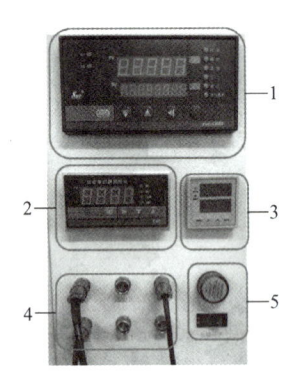

1—流量表；2—压力表；3—转速表；4—传感器连接航插；
5—模块电源开关及指示灯。

图 1.14　可扩展模块

可扩展模块的主要功能是采集数据。可扩展模块与计算机相连，通过数据采集软件采集数据。接线端子号定义见表 1-1。

表 1-1　接线端子号定义

通道名称	高端（H）	低端（L）	通道
压力Ⅰ	1	9/10/28/29	CH0
压力Ⅱ	22	9/10/28/29	CH1
流量	2	9/10/28/29	CH2
扩展Ⅰ	23	9/10/28/29	CH3
转速	3	9/10/28/29	CH4
扩展Ⅱ	24	9/10/28/29	CH5
位移	4	9/10/28/29	CH6

（2）使用说明。

① 可扩展模块使用交流 220V 电源，电源线在模块盒后面连接。

② 可扩展模块各个端口全部开放，可根据程序实际需求在该模块外部连接电气设备。

③ 在使用过程中，若发现操作失误或外部控制出现误动作等危险情况，应及时切断电源，停止控制或操作。

9．泵站操作模块

（1）基本结构。

泵站操作模块主要由急停按钮、泵站启动按钮、泵站停止按钮和风冷开关组成，如

图 1.15 所示，急停按钮用于控制总电源的通断。

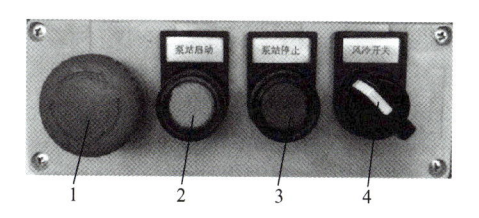

1—急停按钮；2—泵站启动按钮；3—泵站停止按钮；4—风冷开关。
图 1.15　泵站操作模块

（2）使用说明。

① 在使用过程中，若发现操作失误或外部控制出现误动作等危险情况，应及时按下急停按钮，切断总电源。

② 在回路搭接完成且检查无误后，按下泵站启动按钮，启动泵站。在启动泵站前，应确保回路连接无误且连接牢固；同时，将起安全保护作用的溢流阀的压力调至 0MPa。

③ 实验完毕，按下泵站停止按钮，泵站停止工作。在泵站停止前，应将系统压力调为 0MPa，否则泵站停止按钮将不起作用。

④ 若泵站工作时，出口压力较高或运行时间较长，应及时打开风冷开关，冷却泵站，以免影响系统正常工作。

1.2　机电液气综合实验台操作说明

1.2.1　机电液气综合实验台操作注意事项

1. 液气压传动系统的使用注意事项

（1）安全操作，严禁带电操作，严禁违规操作。

（2）注意人身安全，以免造成不必要的人身伤害。

2. 液压油的使用基本要求

（1）必须按要求使用规定型号的液压油（机电液气综合实验台使用的是 32 号抗磨液压油）。

（2）必须定期检测液压油的黏度、酸值、清洁度等指标；若指标不符合要求，应及时更换液压油。

3. 管路、接头及通道

（1）在装备系统前，必须将管路、接头及通道（包括铸造型芯孔和钻孔等）清洗干净，不允许有任何污物（如铁屑、毛刺、纤维状杂质等）。

（2）定期对管路、接头及通道进行检修，防止因长期使用而出现松动，进而对实验人员造成危害。

4. 软管安装注意事项

（1）在满足使用要求的前提下，软管应尽可能短，以免软管在设备运行中发生严重变形与弯曲。

（2）在安装或使用软管时，应确保软管扭转变形最小。

（3）不应将软管置于易磨损的位置，若无法避免，则应对软管加以保护。

（4）软管应有充分的支托，或者将软管下垂布置，以免发生危险。

5. 油箱使用基本要求

（1）油箱上装有专门的液位指示针，加油时，应实时关注液压油的液面高度。

（2）应定时清洗滤芯，保持滤芯干净。

（3）油箱上面的电动机属于高压带电体，严禁在带电状态下用手触摸电动机。

6. 实验回路连接注意事项

（1）应严格按照实验原理图连接回路，禁止连接未经指导教师审核的实验回路。

（2）连接实验回路时，应确保每个实验回路都有安全阀（溢流阀可作安全阀使用）。

（3）连接实验回路前，应确保 220V 电源处于断电状态（尤其是在使用 PLC 前）。

（4）非专业人员请勿拆装阀体及各元件，以免损坏元件且不可修复。

1.2.2 实验实训操作要求

（1）禁止手上带水搭接电路，以免造成触电事故。

（2）搭接电路、液压回路之前，必须断开设备总电源。严禁带电搭接电路。严禁在泵站启动状态下，搭接液压回路。

（3）通电后，严禁用手或导电物体触碰护套插座，以及与护套插座相连接的护套插线内芯，以免造成触电事故。

（4）插护套插线时，应插稳、插牢，以免因接触不良导致电路不通。

（5）拔取护套插线时，应捏住护套插线头，切勿用力拉扯线身，以免将线拽断。

（6）接线时，应合理选择护套插线的颜色和长度，以确保电路简洁明了，便于直观讲解和检查。应根据实际情况选取颜色与线序。通常情况下，交流 380V 对应的线颜色为红色、绿色、黄色；交流 220V 对应的火线颜色为红色、零线颜色为蓝色或黑色；直流低电压正极线颜色为红色、负极线颜色为蓝色或黑色。

（7）在开展液气压传动实验时，必须在实验台出油口（P 口）和回油口（T 口）之间连接一个溢流阀，该溢流阀起调节压力和安全保护作用。启动泵站前，要将溢流阀开口调节至最大，严禁带负载启动泵站，以免造成安全事故。

（8）液压阀和管路连接辅助模块均为弹卡式安装，使用时要确保安装稳固，以免掉落。

（9）油管搭接插装时，要插装到位，以免加压后油管脱落。

（10）开展实验之前，应熟悉各元件的工作原理和动作条件，掌握正确的操作方法，严禁强行拆卸阀体，严禁强行旋扭各种元件的手柄，以免造成人为损坏。

（11）实验中的传感器大多为金属感应式接近传感器，当开关头部与感应金属的距离小于4mm时，即可感应信号。

（12）开展实验的过程中，系统的最高压力不得超过额定压力（6.3MPa）。

（13）开展实验前，应了解本实验的操作规程。应在指导教师的指导下进行实验，切勿盲目进行实验。

（14）在开展实验过程中，若发现操作失误或外部控制出现误动作等危险情况，应及时切断电源，并报告指导教师（非专业人员严禁擅自检修设备）。

（15）实验结束后，应清理好各种元件，做好元件保养工作，保持实验台整洁。

习　　题

1. 简述机电液气综合实验台的主要组成部分。
2. 操作机电液气综合实验台时，需要注意的事项有哪些？
3. 实验过程中，若发现系统压力超过了额定压力，该怎么处理？

【在线答题】

第2章 液压元件的拆装及性能测试实验

本章教学要点

知识要点	掌握程度	相关知识
液压元件的拆装	了解各液压元件的拆装过程；掌握各液压元件的结构组成及特点	液压动力元件（齿轮泵、双作用叶片泵、轴向柱塞泵）的拆装，液压控制元件（换向阀、溢流阀、减压阀、节流阀）的拆装
液压元件的性能测试	掌握各液压元件的性能测试方法；理解各液压元件的性能测试原理	液压泵性能测试、溢流阀性能测试、液压缸性能测试

课程导入

一个完整的液压传动系统由五部分组成，分别是动力元件、执行元件、控制元件、辅助元件和工作介质。不同的液压元件在液压传动系统中起着不同的作用。为了更直观地了解各液压元件的结构和工作原理，有必要对各液压元件进行拆装。

除了要了解各液压元件的结构和工作原理，还有必要针对一些典型的液压元件开展性能测试实验，得出相应液压元件的性能参数，并绘制性能曲线，从而使学生具备初步判断液压元件性能的能力，并掌握液压元件静态和动态性能参数的实验测试方法。液压元件性能测试实验一般都是在机电液气综合实验台或专用的液压元件性能测试台上进行的。虽然不同厂家的实验台结构并不相同，但是实验的基本原理大体一致，实验方法也是相似的。本章提供的液压元件性能测试实验的基本原理和实验方法具有一定的适用性，教师可根据实际情况，结合相应的机电液气综合实验台，开展相关实验。

本章包括以下内容：液压动力元件的拆装、液压控制元件的拆装、液压泵性能测试、溢流阀性能测试及液压缸性能测试。通过拆装液压元件，学生可加深对液压元件结构及工作原理的理解，并对液压元件的加工及装配工艺有一个初步的认识，从而提高动手能力、观察和分析问题的能力。通过对液压元件进行性能测试，学生可以掌握典型液压元件的性能测试方法。这不仅有助于巩固学生课堂所学知识，而且能为学生后续设计液气压回路，以及在实际工程中应用所学知识打下坚实的基础。

2.1 液压动力元件的拆装

液压动力元件的作用是将原动机的机械能转换为液体的压力能，并向整个液压传动系统提供动力。液压泵是为液压传动系统提供加压液体的液压元件。液压泵的结构形式一般有齿轮式、叶片式和柱塞式。

1．实验目的

（1）理解液压动力元件的结构组成。

通过拆装液压动力元件，深入了解液压动力元件的结构组成、功能及各元件之间的关系，加深对液压动力元件内部结构的认识。

（2）掌握液压动力元件的工作原理。

在拆装过程中，结合液压动力元件的工作原理图，了解各元件是如何协同工作的，进而加深对液压动力元件工作原理的理解。

（3）培养实践动手能力。

通过实际操作，提高使用工具的能力和动手解决问题的能力，为日后的工程实践奠定基础。

（4）熟悉液压动力元件的维护与保养方法。

通过拆装液压动力元件，知道如何正确地对液压动力元件进行维护与保养，这对保证液压传动系统的稳定运行至关重要。

（5）培养安全意识。

在拆装液压动力元件的过程中，应严格遵循实验室安全守则，树立安全第一的实验意识。

2. 实验器材

液压动力元件拆装工具见表 2-1。

表 2-1 液压动力元件拆装工具

拆装工具	数量	规格
内六角扳手	1 套	1.5mm、2mm、2.5mm、3mm、4mm、5mm、6mm、8mm、10mm
活动扳手	1 把	8in
钳工台虎钳	1 套	
螺钉旋具	1 套	十字：4in、5in、6in 一字：4in、5in、6in U 形：ϕ5mm
卡簧钳	1 套	内卡簧钳、外卡簧钳各 1 把
煤油	若干	
化纤布料	1 块	不小于 30cm×40cm
液压油	若干	32 号抗磨液压油
齿轮泵	1 个	CB-B 型
双作用叶片泵	1 个	YB-6 型
轴向柱塞泵	1 个	MCY-4B 型

注：1in＝2.54cm。

3. 实验内容

拆卸各种液压泵，观察并了解各元件在液压泵中的作用。了解各种液压泵的工作原理，并按一定的步骤装配各液压泵。

4. 实验步骤

（1）先观察液压泵的外部结构，分清吸油口与压油口，再拆下外部螺钉。

（2）按顺序拆下前端盖、后端盖，观察液压泵内部结构。了解密封工作空间的组成及数量、吸油腔和压油腔的容积变化及油液流经途径。

（3）分析液压泵的结构特点，理解在解决液压泵泄漏、困油、液压冲击、有噪声等问题时，对其结构进行的调整。

（4）按与拆卸顺序相反的顺序装配液压泵。用手转动传动轴，直到液压泵能正常运转为止。

（5）整理好实验台，将各元件和拆装工具放回原位。

5. 实验数据及分析

（1）齿轮泵的拆装。

CB-B型齿轮泵实物如图2.1所示，其结构如图2.2所示。

图2.1　CB-B型齿轮泵实物

【拓展视频】

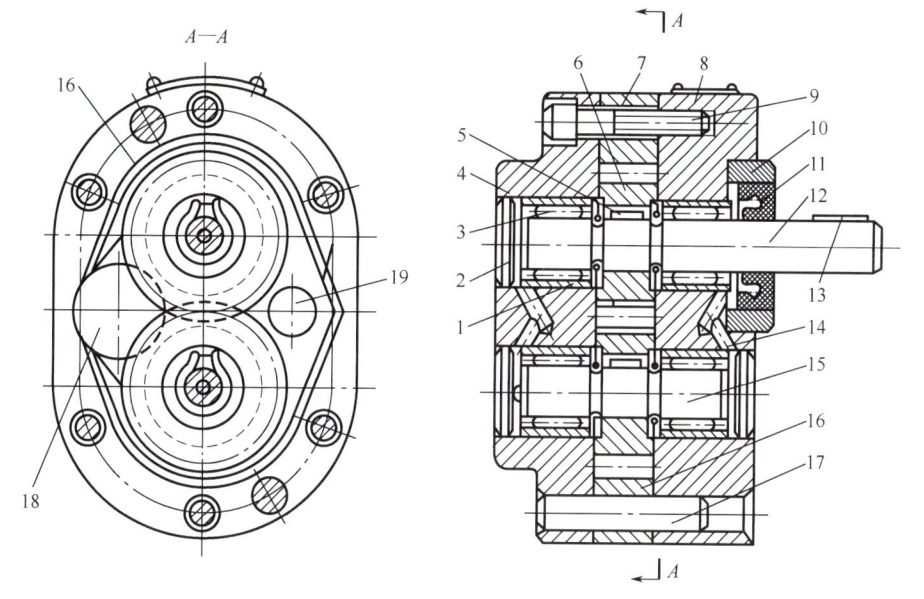

1—轴承外圈；2—堵头；3—滚子；4—后端盖；5，13—键；6—齿轮；7—泵体；
8—前端盖；9—螺钉；10—压环；11—密封环；12—主动轴；14—泄油孔；
15—从动轴；16—泄油槽；17—定位销；18—吸油口；19—压油口。

图2.2　CB-B型齿轮泵结构

① 工作原理。

在吸油腔，轮齿在啮合点相互从对方齿隙中退出，密封工作空间的有效容积不断增大，完成吸油。在排油腔，轮齿在啮合点相互进入对方齿隙中，密封工作空间的有效容积不断减小，完成排油。

② 主要结构特征。

泵体：泵体的两端面开有封油槽，封油槽与吸油口相通，用来防止齿轮泵内液压油从泵体与泵盖接合面外泄,泵体与齿顶圆的径向间隙为 0.13~0.16mm。

端盖:前端盖、后端盖内侧开有卸荷槽,用来消除困油现象。后端盖上吸油口大,压油口小,该结构可减小作用在轴和轴承上的径向不平衡力。

齿轮:两个齿轮的齿数和模数均相等,齿轮与两侧端盖间轴向间隙为 0.03~0.04mm,轴向间隙不可调节。

③ 使用注意事项。

齿轮泵一般用于工作环境不清洁、精度不高的机床,以及压力不高而流量较大的液压传动系统中。使用齿轮泵时须注意以下事项。

a. 齿轮泵的吸油高度一般不得大于 500mm。

b. 齿轮泵应通过挠性联轴器直接与电动机相连。一般不宜采用刚性连接或通过齿轮副及带轮机构与动力源连接,以免单边传力、受力,容易造成齿轮泵泵轴弯曲、单边磨损和泵轴油封失效。

c. 限制齿轮泵的极限转速。齿轮泵的转速不能过高或过低。转速过高时,液压油无法及时填满整个齿间空隙,进而造成空穴,产生振动和噪声;转速过低时,齿轮泵无法形成必要的真空度,造成吸油不畅。目前国产齿轮泵的驱动转速一般为 300~1450r/min。

d. CB-B 型齿轮泵和其他齿轮泵多为单方向泵,即只能往一个固定方向旋转使用;反向使用时不仅不能吸油,而且常常会导致泵轴油封翻转而被冲破,因此,使用时要特别注意。

④ 齿轮泵常见故障及对应的排除方法。

齿轮泵常见故障及对应的排除方法见表 2-2。

表 2-2 齿轮泵常见故障及对应的排除方法

故障	产生原因	排除方法
齿轮泵不吸油、输油不足、压力提不高	(1) 电动机转向错误。 (2) 吸油管或滤油器堵塞。 (3) 轴向间隙或径向间隙过大。 (4) 各连接处泄漏,有空气混入。 (5) 液压油黏度太大或液压油温度升高太快	(1) 调整电动机旋转方向。 (2) 疏通吸油管,清洗滤油器,换新油。 (3) 修复或更换有关元件。 (4) 紧固各连接处螺钉,避免泄漏,严防空气混入。 (5) 应根据液压油温度变化情况选用液压油
齿轮泵噪声大、压力波动大	(1) 吸油管及滤油器部分堵塞或吸油管吸入口处滤油器容量小。 (2) 从吸油管或轴密封处吸入了空气或油中有气泡。 (3) 泵轴与挠性联轴器同轴度较差或产生擦伤。 (4) 齿轮本身的精度不高。 (5) 液压油黏度太大或温度升高太快	(1) 除去堵塞物,使吸油管畅通;改用容量合适的滤油器。 (2) 在连接部位或轴密封处加油,如果噪声减小,可拧紧吸油管接头或更换密封圈。回油管管口应在液压油液面以下,与吸油管保持一定距离。 (3) 调整泵轴与挠性联轴器同轴度,修复擦伤。 (4) 更换齿轮或对研修整。 (5) 应根据液压油温度变化情况选用液压油

续表

故障	产生原因	排除方法
齿轮泵旋转不灵活或咬死	（1）轴向间隙或径向间隙过小。 （2）齿轮泵装配不良。 （3）泵轴和挠性联轴器同轴度较差。液压油中杂质被吸入齿轮泵泵体内。 （4）齿轮泵前端盖螺纹孔位置与后端盖通孔位置不对应	（1）检测齿轮泵泵体、齿轮，配研相关元件。 （2）根据齿轮泵技术要求重新装配齿轮泵。 （3）调整泵轴和挠性联轴器的同轴度，严格控制在 0.2mm 以内。严防周围灰尘、铁屑及冷却水等杂质进入油池，保持液压油洁净。 （4）用钻头或圆锉将后端盖通孔适当修大后再装配

⑤ 实验报告要求。

a. 根据实物，画出齿轮泵的工作原理简图。

b. 简要说明齿轮泵的主要结构组成。

⑥ 实验思考。

a. 齿轮泵有哪几条内泄漏通道？怎样提高齿轮泵的容积效率？

b. 齿轮泵困油现象是怎样产生的？应如何改善？

c. 齿轮泵壳体端面的环形槽起什么作用？

d. 齿轮泵的两个油口是否一样大？为什么这样设计？

（2）双作用叶片泵的拆装。

YB-6 型双作用叶片泵实物如图 2.3 所示，其结构如图 2.4 所示。

图 2.3 YB-6 型双作用叶片泵实物

【拓展视频】

① 工作原理。

当转子转动时，在离心力和根部压力油的作用下，叶片在叶片槽内向外移动并压向定子内表面，并在叶片、定子内表面、转子外表面和两侧配油盘间形成若干个密封空间。当转子按顺时针方向旋转时，处在小圆弧上的密封空间经过渡曲线运动到大圆弧，叶片外伸，密封空间的容积增大，吸入液压油；当处在大圆弧上的密封空间经过渡曲线运动到小圆弧上时，叶片被定子内表面逐渐压进叶片槽内，密封空间的容积减小，液压油从压油口

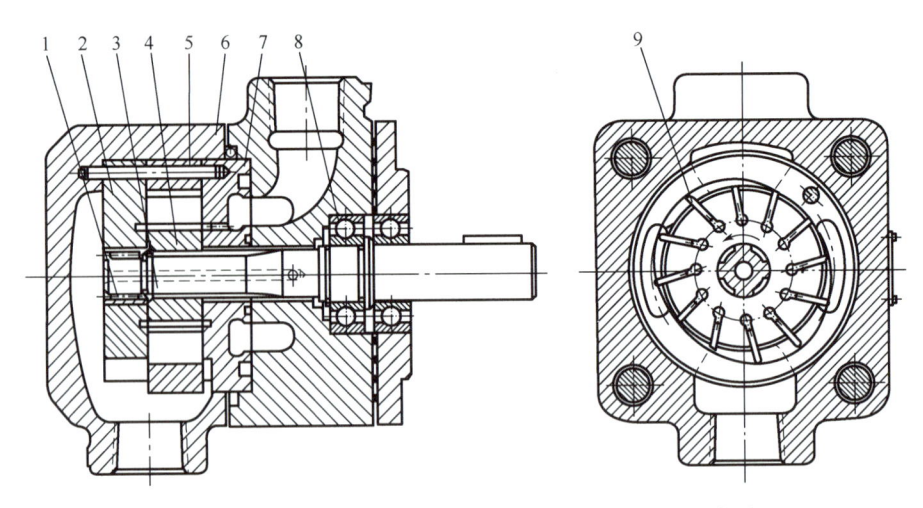

1—滚针轴承；2—吸油盘；3—传动轴；4—转子；5—定子；
6—泵体；7—压油盘；8—滚针轴承盖；9—叶片。

图 2.4　YB-6 型双作用叶片泵结构

被压出。转子旋转一周，叶片伸出和缩进两次，完成两次吸油、压油。

② 双作用叶片泵常见故障及对应的排除方法。

双作用叶片泵具有流量均匀、运转平稳、噪声小、体积小、质量轻等优点，但其抗污染能力差、加工工艺复杂、精度要求高、价格也较高。

双作用叶片泵常见故障及对应的排除方法见表 2-3。

表 2-3　双作用叶片泵常见故障及对应的排除方法

故障	产生原因	排除方法
双作用叶片泵吸不上油或无压力	（1）双作用叶片泵的旋转方向不对，双作用叶片泵吸不上油。 （2）双作用叶片泵传动键脱落。 （3）进油口、出油口接反。 （4）油箱内液压油液面过低，吸油管口露出液面。 （5）双作用叶片泵转速太低，吸力不足。 （6）液压油黏度过高，导致叶片运动不灵活。 （7）液压油温度过低，导致液压油黏度过高。 （8）液压油过滤精度低，导致叶片卡在叶片槽内。 （9）吸油管或滤油器堵塞，滤油器过滤精度过高，造成吸油不畅。 （10）吸油管漏气。	（1）改变电动机转向。一般双作用叶片泵上有箭头标记；无标记时，可观察泵轴方向，泵轴应按顺时针方向旋转。 （2）重新安装双作用叶片泵传动键。 （3）按说明书正确连接进油口、出油口。 （4）补充液压油至最低油标线以上。 （5）调节双作用叶片泵的转速为 500～1500r/min。 （6）使用推荐黏度的液压油。 （7）将液压油加热至推荐正常工作的温度。 （8）拆洗、配研双作用叶片泵内元件，仔细重装，并更换液压油。 （9）清洗吸油管或滤油器，除去堵塞物，更换油箱内液压油，按说明书正确选用滤油器。 （10）检查吸油管各连接处，并密封、紧固各连接处。

续表

故障	产生原因	排除方法
液压油流量不足，达不到额定值	（1）双作用叶片泵转速未达到额定转速。 （2）系统中有液压油泄漏。 （3）由于双作用叶片泵长时间工作、振动，双作用叶片泵泵端盖螺钉松动。 （4）吸油管漏气。 （5）吸油不充分。 ① 油箱内液压油液面过低。 ② 入口滤油器堵塞或通流量过小。 ③ 吸油管堵塞或通径小。 ④ 液压油黏度过高或过低。 （6）变量泵流量调节不当	（1）按说明书指定额定转速调节电动机转速。 （2）检查系统，修补泄漏点。 （3）拧紧螺钉。 （4）检查吸油管各连接处，并密封、紧固各连接处。 （5）充分吸油。 ① 补充液压油至最低油标线以上。 ② 清洗滤油器或选用通流量为双作用叶片泵流量两倍以上的滤油器。 ③ 清洗吸油管，选用不小于双作用叶片泵入口通径的吸油管。 ④ 使用推荐黏度的液压油。 （6）重新调节变量泵流量至所需流量
液压油压力升不上去	（1）溢流阀压力太低或出现故障。 （2）系统中有液压油泄漏。 （3）由于双作用叶片泵长时间工作、振动，双作用叶片泵泵端盖螺钉松动。 （4）吸油管漏气。 （5）吸油不充分。 （6）变量泵压力调节不当	（1）重新调试溢流阀压力或修复溢流阀。 （2）检查系统，修补泄漏点。 （3）拧紧螺钉。 （4）检查吸油管各连接处，并密封、紧固各连接处。 （5）同前述"吸油不充分"排除方法（下划线部分）。 （6）重新调节变量泵压力至所需压力
双作用叶片泵噪声过大	（1）吸油管漏气。 （2）吸油不充分。 （3）泵轴和电动机轴不同心。 （4）液压油中有气泡。 （5）双作用叶片泵转速过高。 （6）双作用叶片泵压力过高。 （7）泵轴密封处漏气。 （8）液压油过滤精度过低，导致叶片在叶片槽中被卡住。 （9）误调了变量泵止动螺钉	（1）检查吸油管各连接处，并密封、紧固各连接处。 （2）同前述"吸油不充分"排除方法（下划线部分）。 （3）按说明书重新安装泵轴，使其达到精度要求。 （4）更换密封件、清洗管道或更换新的液压油。 （5）选用推荐转速。 （6）降低双作用叶片泵压力至额定压力以下。 （7）更换油封。 （8）拆洗、配研双作用叶片泵内元件，仔细重装，并更换液压油。 （9）适当调整螺钉至噪声达到正常

续表

故障	产生原因	排除方法
双作用叶片泵过度发热	（1）油温过高。 （2）液压油黏度太低，内泄过大。 （3）双作用叶片泵压力过高。 （4）回油口直接接到双作用叶片泵入口	（1）改善油箱散热条件或增设冷却器，将油温控制在推荐的正常工作油温范围内。 （2）使用推荐黏度的液压油。 （3）降低双作用叶片泵压力至额定压力以下。 （4）回油口接至液压油液面以下
双作用叶片泵振动过大	（1）泵轴与电动机轴不同心。 （2）螺钉松动。 （3）双作用叶片泵转速或压力过高。 （4）液压油过滤精度过低，导致叶片卡在叶片槽中。 （5）吸油管漏气。 （6）吸油不充分。 （7）液压油中有气泡	（1）重新按说明书安装泵轴，使其达到精度要求。 （2）拧紧螺钉。 （3）调整双作用叶片泵转速或压力至推荐范围以内。 （4）拆洗、配研双作用叶片泵内元件，重新组装；更换液压油或重新过滤液压油。 （5）检查各连接处，并密封、紧固各连接处。 （6）同前述"吸油不充分"排除方法（下划线部分）。 （7）更换密封件、清洗管道或更换新的液压油
液压油向外渗漏	（1）密封面老化或损伤。 （2）进油口、出油口连接部位松动。 （3）密封面磕碰。 （4）叶片泵外壳体出现砂眼	（1）更换密封面。 （2）紧固螺钉或管道接头。 （3）配研密封面。 （4）更换外壳体

③ 实验报告要求。

a. 根据实物画出双作用叶片泵的工作原理简图。

b. 简要说明双作用叶片泵的主要结构组成。

④ 实验思考。

a. 双作用叶片泵的定子内表面由哪几部分组成？各部分分别起什么作用？

b. 双作用叶片泵的叶片在槽中是如何伸出和缩回的？如何引入叶片根部压力油？

c. 影响双作用叶片泵输出压力的因素是什么？若要提高双作用叶片泵的输出压力，应采取什么措施？

d. 双作用叶片泵是否有困油现象？

（3）轴向柱塞泵的拆装。

MCY-4B 型轴向柱塞泵实物如图 2.5 所示，其结构如图 2.6 所示。

图 2.5 MCY-4B 型轴向柱塞泵实物

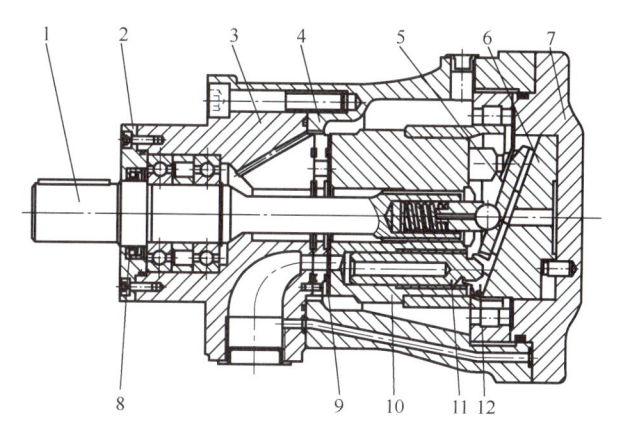

1—传动轴；2—法兰盘；3—泵体；4—泵壳；5—回程盘；6—斜盘；7—端盖；
8—骨架油封；9—配油盘；10—缸体；11—柱塞；12—滑履。

图 2.6 MCY-4B 型轴向柱塞泵结构

① 工作原理。

当电动机带动传动轴旋转时，缸体随之旋转。由于装在缸体中的柱塞头上的滑履被回程盘压向斜盘，因此柱塞将随着斜盘的斜面在缸体中做往复运动，从而实现轴向柱塞泵的吸油和排油。轴向柱塞泵的配油是由配油盘实现的。改变斜盘的倾斜角度，就可以改变轴向柱塞泵的流量输出。

② 轴向柱塞泵常见故障及对应的排除方法。

与齿轮泵和双作用叶片泵相比，轴向柱塞泵的柱塞和缸体孔采用圆柱配合方式，这种配合易于加工，能达到较高的配合精度，具有良好的密封性，可减少液压油泄漏。轴向柱塞泵能承受较高的压力，有较高的容积效率。

轴向柱塞泵常见故障及对应的排除方法见表 2-4。

表 2－4 轴向柱塞泵常见故障及对应的排除方法

故障	产生原因	排除方法
流量较小	（1）液压油液面过低、吸油管及滤油器堵塞、阻力太大及漏气等。 （2）轴向柱塞泵泵壳内预先没有充好油，留有空气。 （3）轴向柱塞泵中心弹簧被折断，柱塞回程不足或不能回程，导致缸体和配油盘之间失去密封性能。 （4）配油盘与缸体或柱塞与缸体之间出现磨损。 （5）对于变量式柱塞泵，液压油流量较小的原因可能有两种。低压时，可能是变量式柱塞泵内部摩擦等原因，导致变量机构不能达到极限位置，造成偏角过小；高压时，可能是调整误差所致。 （6）液压油温度太高或太低	（1）检查液压油贮量，把液压油加至最低油标线以上，排出吸油管内堵塞物，清洗滤油器，紧固各连接处螺钉，排除漏气。 （2）排出轴向柱塞泵内空气。 （3）更换轴向柱塞泵的中心弹簧。 （4）清洗去污，研磨配油盘与缸体的接触面，或更换柱塞。 （5）低压时，可调整或重新装配变量活塞及变量头，使其活动自如；高压时，纠正调整误差。 （6）根据液压油温度变化情况，选用合适的液压油或采取降温/升温措施
压力脉动	（1）配油盘与缸体或柱塞与缸体之间出现磨损，液压油内泄或外漏过大。 （2）由于变量泵变量机构的偏角太小，液压油流量过小，内泄相对增大，因此不能连续对外供油。 （3）伺服活塞与变量活塞运动不协调，出现脉动。 （4）吸油管堵塞，阻力大，漏气	（1）磨平配油盘与缸体的接触面，单缸研配，更换柱塞，紧固各连接处螺钉，排除泄漏。 （2）适当加大变量泵变量机构的偏角，排除液压油内泄。 （3）偶尔出现脉动，多因液压油脏，可更换新液压油；若频繁出现脉动，可能是配合件研伤或存在憋劲情况，此时，应拆下伺服活塞与变量活塞进行配研。 （4）疏通吸油管并清洗滤油器，紧固吸油管的连接螺钉
噪声较大	（1）轴向柱塞泵泵内有空气。 （2）油箱内液压油液面过低，吸油管堵塞，阻力大，漏气。 （3）泵轴和电动机轴不同心，轴向柱塞泵和传动轴受径向力	（1）排除轴向柱塞泵泵内的空气。 （2）按规定添加液压油，疏通吸油管，清洗滤油器，紧固吸油管的连接螺钉。 （3）重新调整，使泵轴与电动机轴同心
发热	（1）液压油内泄过大。 （2）运动件磨损	（1）配研各密封配合面。 （2）修复或更换磨损的运动件

续表

故障	产生原因	排除方法
漏损	（1）轴承回转密封圈损坏。 （2）接合处O形密封圈损坏。 （3）配油盘与缸体或柱塞与缸体之间发生磨损（会引起回油管液压油外漏增加，也会引起高压腔与低压腔间液压油内泄）。 （4）变量活塞或伺服活塞磨损	（1）检查轴承回转密封圈及各密封环节，排除液压油内泄。 （2）更换O形密封圈。 （3）磨平接触面，配研缸体、柱塞。 （4）及时更换磨损的变量活塞或伺服活塞
变量机构失灵	（1）控制管路上的单向阀弹簧折断。 （2）变量头与变量壳体发生磨损。 （3）伺服活塞、变量活塞及弹簧心轴卡死。 （4）个别管路堵塞	（1）更换单向阀弹簧。 （2）配研变量头与变量壳体的圆弧配合面。 （3）当机械卡死时，可配研运动件使运动件运动灵活；当因液压油脏导致卡死时，应更换新液压油。 （4）疏通管路，更换液压油
不能转动	（1）柱塞卡死在缸体中（可能是液压油脏或油温变化引起的）。 （2）滑履因柱塞被卡死或因负载过大时启动而脱落。 （3）柱塞头折断	（1）当因液压油脏导致柱塞或缸体被卡死时，应更换液压油；当因油温太低导致柱塞或缸体被卡死时，应更换黏度较小的液压油。 （2）更换或重新装配滑履。 （3）更换柱塞

③ 实验要求。

a. 根据实物，画出轴向柱塞泵的工作原理简图。

b. 简要说明轴向柱塞泵的主要结构组成。

④ 实验思考。

a. MCY-4B型轴向柱塞泵用的是哪种配流方式？

b. 轴向柱塞泵的变量形式有几种？

c. "闭死容积"和"困油现象"指的是什么？应如何消除？

d. 轴向柱塞泵柱塞头中心的小孔起什么作用？是否可以将该小孔堵死？

e. 轴向柱塞泵的输出压力为什么比齿轮泵和双作用叶片泵的输出压力高？

6. 实验注意事项

（1）在实验过程中，要认真观察液压元件实物，并结合课堂所学知识，理解"实验思考"相关内容。

（2）在实验过程中，要爱护液压元件；拆装时，只能轻轻敲击，不能用力过大，不得损坏和弄丢液压元件。

（3）在实验结束前，把拆装的液压元件装好，不得将不同液压元件装在一起，严禁漏装。

（4）实验结束后，将组装好的液压元件和拆装工具摆放整齐，保持实验台干净整洁。经指导教师同意后，方可离开。

2.2　液压控制元件的拆装

液压控制元件（液压控制阀）在液压传动系统中的作用是控制和调节液压油的压力、流量和方向。根据控制功能不同，液压控制阀可分为压力控制阀、流量控制阀和方向控制阀。压力控制阀主要有溢流阀（安全阀）、减压阀、顺序阀、压力继电器等；流量控制阀主要有节流阀、调速阀和分流集流阀等；方向控制阀主要有液控单向阀、梭阀、换向阀等。根据控制方式不同，液压控制阀可分为开关式控制阀、定值控制阀和比例控制阀。

1. 实验目的

（1）通过观察和拆装液压控制阀，深入了解液压控制阀的结构组成、工作原理，以及内部油路的连接方式，巩固课堂所学相关内容。

（2）通过观察液压控制阀实物，学习和了解液压控制阀在系统中的作用、液压控制阀的材料等工程实际问题。

（3）培养学生分析问题、解决问题的能力。

（4）通过拆装液压控制阀，学生可对液压控制阀的维护与检修有一定的了解。

（5）在拆装液压控制阀的过程中，应严格遵循实验室安全守则，树立安全第一的实验意识。

2. 实验器材

液压控制阀拆装器材见表2-5。

表2-5　液压控制阀拆装器材

拆装工具	数量	规格
内六角扳手	1套	1.5mm、2mm、2.5mm、3mm、4mm、5mm、6mm、8mm、10mm
活动扳手	1把	8in
螺钉旋具	1套	十字：4in、5in、6in 一字：4in、5in、6in U形：ϕ5mm
卡簧钳	1套	内卡簧钳、外卡簧钳各1把
煤油	若干	
三位四通电磁换向阀	1个	4WE6型
先导式溢流阀	1个	YF型
先导式减压阀	1个	DB10-1型
节流阀	1个	DV12-1型

3. 实验内容

拆卸各种液压控制阀，观察并了解各元件在液压控制阀中的作用，了解各种液压控制阀的工作原理，并按一定的步骤装配各液压控制阀。

4. 实验步骤

在拆装的各种液压控制阀中任选一种，记录下该液压控制阀的拆装步骤，并填入表 2-6。

表 2-6 液压控制阀的拆装步骤

拆装顺序	元件名称	元件数量	所用拆装工具	元件完好情况		
				可用	尚可用	不可用
1						
2						
3						
4						
5						
…						

5. 实验数据及分析

（1）换向阀的拆装。

4WE6 型三位四通电磁换向阀实物如图 2.7 所示，其结构如图 2.8 所示。

图 2.7 4WE6 型三位四通电磁换向阀实物

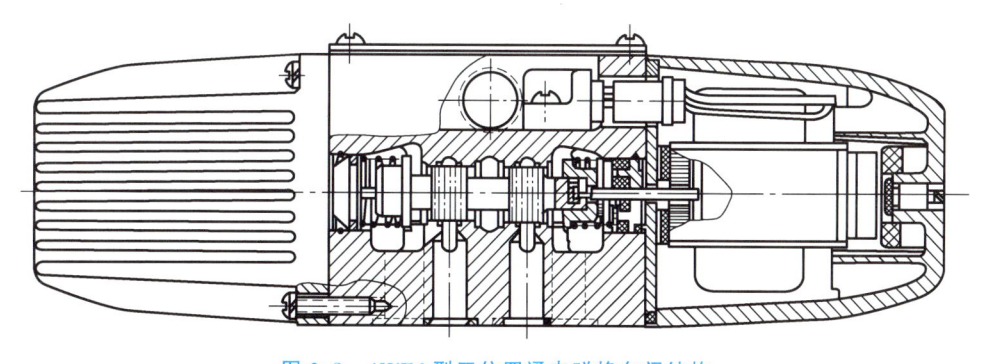

图 2.8 4WE6 型三位四通电磁换向阀结构

① 工作原理。

4WE6型三位四通电磁换向阀利用阀芯和阀体之间的位置变化，实现通道的接通和断开，以满足系统对通道的不同控制要求。

② 实验报告要求。

简述4WE6型三位四通电磁换向阀的结构组成及工作原理。

③ 实验思考。

a. 根据4WE6型三位四通电磁换向阀实物，指出该换向阀有几种工作位置。

b. 4WE6型三位四通电磁换向阀的中位机能属于哪种类型？

c. 当4WE6型三位四通电磁换向阀的左右电磁铁都不得电时，阀芯靠什么对中？

d. 4WE6型三位四通电磁换向阀的泄油口的作用是什么？

e. 滑阀阀芯表面开的环形槽起什么作用？

（2）溢流阀的拆装。

YF型先导式溢流阀实物如图2.9所示，其结构如图2.10所示。

图2.9 YF型先导式溢流阀实物

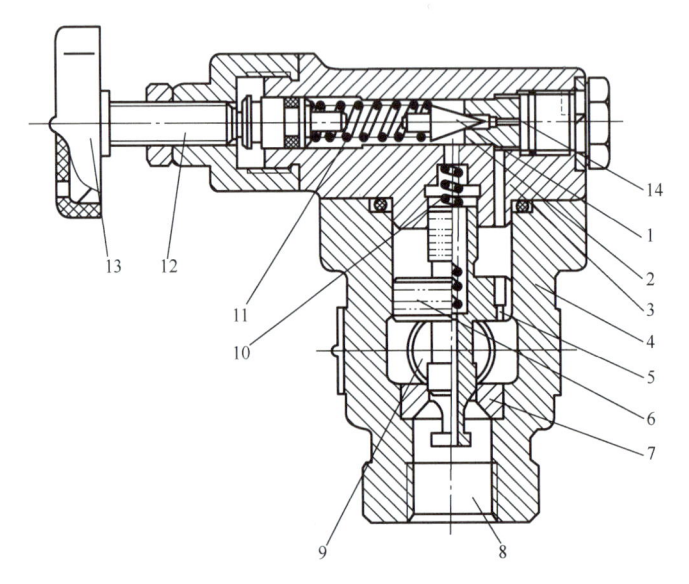

1—先导阀锥阀；2—先导阀座；3—阀盖；4—阀体；5—阻尼孔；
6—主阀阀芯；7—主阀阀座；8—出油口；9—进油口；10—主阀弹簧；11—调压弹簧；
12—调压螺钉；13—调节手轮；14—遥控口。

图2.10 YF型先导式溢流阀结构

① 工作原理。

YF 型先导式溢流阀进油口的液压油除进入主阀阀芯大直径的下腔外,还经阻尼孔进入主阀阀芯的上腔,并作用在先导阀锥阀的前腔,对先导阀阀芯形成一个液压力。当作用在先导阀锥阀上的液压力小于调压弹簧的预紧力时,先导阀锥阀在调压弹簧的作用下关闭。因先导阀锥阀内部无液压油流动,主阀阀芯上腔与下腔的液压力相等,主阀阀芯在主阀弹簧的作用下处于关闭状态(主阀阀芯处于最下端),溢流阀不溢流。

② 实验报告要求。

补充 YF 型先导式溢流阀溢流时的工作原理。

③ 实验思考。

a. 观察 YF 型先导式溢流阀的结构组成,分析其工作原理。

b. 遥控口的作用是什么?远程调压和远程卸荷是怎样实现的?

c. 为什么主阀弹簧的刚度比先导阀中的调压弹簧的刚度小?

d. YF 型先导式溢流阀主阀阀芯中的阻尼孔起什么作用?是否可以将其去掉?

e. 简述 YF 型先导式溢流阀适用的场合。

(3) 减压阀的拆装。

DB10-1 型先导式减压阀实物如图 2.11 所示,其结构如图 2.12 所示。

图 2.11 DB10-1 型先导式减压阀实物

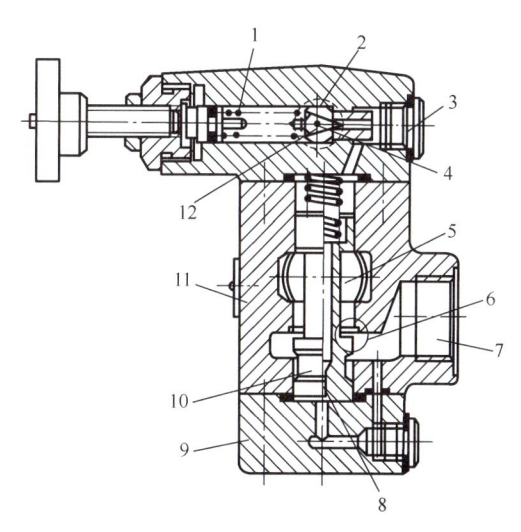

1—调压弹簧;2—先导阀阀座;3—外控口;4—泄油口;5—进油口;
6—减压口;7—出油口;8—阻尼孔;9—端盖;10—主阀阀芯;11—阀体;12—先导阀阀芯。

图 2.12 DB10-1 型先导式减压阀结构

① 工作原理。

液压油由进油口经减压口减压后，由出油口排出。同时，液压油先经主阀阀芯的轴向小孔分别进入主阀阀芯的底部和上端（弹簧侧），再经过先导阀阀座上的小孔作用在先导阀阀芯上。当出口压力低于调定压力时，先导阀在调压弹簧的作用下关闭阀口。主阀阀芯上腔与下腔的油压均等于出油口压力，主阀阀芯在弹簧力的作用下处于最下端位置。滑阀中间凸肩与阀体之间构成的先导式减压阀阀口全开，减压阀不起减压作用。

② 实验报告要求。

a. 补全 DB10-1 型先导式减压阀起减压作用时的工作原理。

b. 找出先导式减压阀和先导式溢流阀结构上的相同点和不同点。

③ 实验思考。

a. 静止状态下，先导式减压阀与先导式溢流阀的主阀阀芯分别处于什么状态？

b. 如果泄油口发生堵塞，先导式减压阀还能否起到减压作用？为什么？

c. 为什么泄油口直接接油箱？

（4）节流阀的拆装。

DV12-1 型节流阀实物如图 2.13 所示，其结构如图 2.14 所示。

图 2.13 DV12-1 型节流阀实物

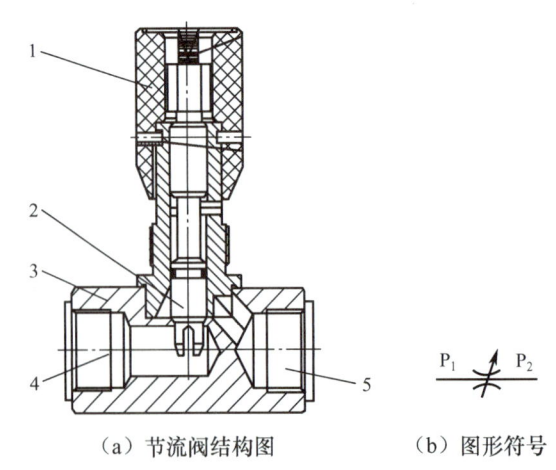

（a）节流阀结构图　（b）图形符号

1—手柄；2—阀芯；3—阀体；4—进油口 P_1；5—出油口 P_2。

图 2.14 DV12-1 型节流阀结构

① 工作原理。

转动手柄 1，使阀芯 2 做轴向移动，从而调节节流阀的通流截面面积，使流经节流阀的流量发生变化。

② 实验报告要求。

根据实物，说明节流阀的结构组成。

③ 实验思考。

a. 观察节流阀的结构组成，分析节流阀的工作原理。

b. 若节流阀的进油口 P_1、出油口 P_2 接错了，会有什么影响？

c. "液压与气压传动"课程中提到的调速阀与节流阀的主要区别是什么？

6. 实验注意事项

（1）实验过程中，要认真观察液压控制阀实物，并结合课堂所学知识，理解实验思考相关内容。

（2）实验过程中，要爱护液压元件，拆装时只能轻轻敲击，不能用力过大，不得损坏和弄丢液压元件。

（3）实验结束前，把拆装的所有液压元件装好，不得将不同液压元件装在一起，严禁漏装。

（4）实验结束后，将组装好的液压元件和拆装工具摆放整齐，保持实验台干净整洁。经指导教师同意后，方可离开。

2.3 液压泵性能测试

液压泵是液压传动系统的动力源，其功能是将原动机的机械能转换为液压油的压力能，向系统提供具有一定压力的液压油。液压泵一般采用容积式，依靠液压泵内密封容积的变化实现吸油和压（排）油。液压泵的结构形式一般有齿轮式、叶片式和柱塞式。

液压泵的主要性能参数包括压力、排量（流量）、功率及效率等。这些参数并不是彼此孤立的，它们之间存在一定的关系。液压泵的性能测试就是测试这些参数及参数之间的关系变化情况。这些参数及参数之间的关系变化，反映了液压泵的性能特点，是检验液压泵质量的重要依据，也是进行液压泵选型设计的重要参考。

1. 实验目的

（1）掌握液压泵性能测试的方法。

在实验过程中，通过测试液压泵的主要性能参数，了解液压泵主要性能参数的测试原理和方法，并根据测试结果，验证液压泵是否达到设计要求。

（2）培养实验操作的严谨性。

在实验过程中，严格遵循实验操作规程，准确记录实验数据，培养严谨的实验操作习惯，这对于学生从事科学研究工作和养成良好的工作习惯至关重要。

（3）增进对液压泵的感性认识。

在实验过程中,通过检测液压泵运行时的噪声、振动、油压脉动等情况,加强学生对液压泵的感性认识。

2. 实验器材

液压泵性能测试实验器材见表 2-7。

表 2-7 液压泵性能测试实验器材

实验器材	数量
机电液气综合实验台	1 台
液压泵	1 个
节流阀	1 个
流量计	1 个
溢流阀	1 个
油管、压力表	若干

3. 实验内容

测试已知液压泵的容积效率与压力的变化关系,得出该液压泵在不同工作压力下的容积效率与压力的变化特性 $\eta_V = f_V(p)$。

4. 实验原理

因为

$$\eta_V = \frac{输出流量(q)}{理论流量(q_t)} = \frac{输出流量(q)}{空载流量(q_0)} \tag{2-1}$$

所以

$$\eta_V = \frac{q}{q_t} \tag{2-2}$$

由于

$$q = f_q(p) \tag{2-3}$$

因此

$$\eta_V = \frac{f_q(p)}{q_t} = f_V(p) \tag{2-4}$$

式中:η_V 为液压泵的容积效率;q_t 为理论流量(L/min),液压传动系统中,通常以液压泵的空载流量来代替理论流量,或者 $q = n \times V$,n 为空载转速,V 为液压泵的排量;q 为输出流量(L/min),不同工作压力下液压泵的输出流量可通过流量计读出;$f_q(p)$ 为压力流量特性,是指在给定压力 p 下所对应的液压泵的出口流量(压力 p 下的输出流量)。

液压泵性能测试实验原理如图 2.15 所示。

5. 实验步骤

(1)了解和熟悉机电液气综合实验台的工作原理及各液压元件的作用,明确注意事项。

(2)根据液压泵性能测试实验原理图连接液压回路,并检查油路连接是否稳固(轻轻用力拉一下)。

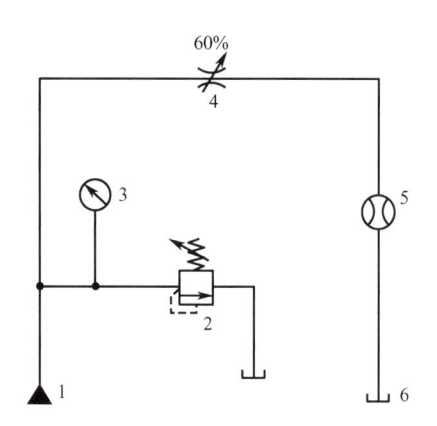

1—液压泵；2—溢流阀；3—压力表；4—节流阀；5—流量计；6—油箱。

图 2.15　液压泵性能测试实验原理

（3）将溢流阀开至最大，启动液压泵，关闭节流阀。通过溢流阀调节液压泵的压力至 6.5MPa，并使其高于液压泵的额定压力 6.3MPa，此时，溢流阀作为安全阀使用。

（4）将节流阀开至最大，测量液压泵的空载流量，即液压泵的理论流量 q_t。

（5）通过逐级关小节流阀，对液压泵进行加载，测出不同工作压力下液压泵的相关数据。包括液压泵的输出压力 p、液压泵的输出流量 q、液压泵的转速 n。

（6）通过压力表读出液压泵的输出压力 p，并将数据记入表 2-8。

（7）通过流量计读出液压泵的输出流量 q，并将数据记入表 2-8。

（8）通过台面上的转速表读出液压泵的转速 n，并将数据记入表 2-8。

（9）实验完成后，打开溢流阀，关闭液压泵，待回路中压力为零后，拆卸、清理液压元件，并将液压元件归类放回原处。

（10）整理实验所测数据 p、q、q_0、n，计算出液压泵在不同工作压力下的性能参数。

表 2-8　液压泵性能测试数据

已知参数	额定压力/MPa							
实验测得的参数	空载流量 q_0/(L/min)							
	输出压力 p/MPa							
	转速 n/(r/min)							
	输出流量 q/(L/min)							
计算参数	容积效率 η_V							

6. 实验报告要求

根据实验数据，在图 2.16 中绘制被测试液压泵的性能参数曲线，并对液压泵的性能进行分析，给出必要的实验结论。

7. 注意事项

（1）检查油路搭接是否正确，确认进油口、出油口是否连接正确。

图 2.16　输出流量—输出压力曲线和容积效率—输出压力曲线

（2）检查电路连接是否正确，确认 PLC 输入电源是否有特殊要求。

（3）检查油管接头搭接是否牢固，搭接后，可以稍微用力拉一下。

（4）实验前须检查电路是否连接正确。如有错误，修正后再运行，直到错误被排除，再开始实验。

（5）油路必须搭接安全阀（溢流阀）。启动液压泵前，需完全打开安全阀；实验完成后，也需完全打开安全阀，然后再关闭液压泵。

8. 实验思考

（1）液压泵的输出压力与输出流量有什么关系？

（2）节流阀为什么可以对系统加载？

2.4　溢流阀性能测试

在液压传动系统中，控制液压油压力的阀称为压力控制阀，简称压力阀。这类压力阀都是利用作用在阀芯上的液压力和弹簧力相平衡的原理工作的。

在实际液压传动系统中，根据不同的工作需要，压力控制的要求也是不同的。有的需要限制液压传动系统的最高压力，如采用安全阀；有的需要稳定液压传动系统中某处的压力、压力差或压力比，如采用溢流阀、减压阀等；还有的是利用液压力作为信号控制液压传动系统的动作，如采用顺序阀、压力继电器等。而溢流阀的主要作用是对液压传动系统定压或起安全保护作用。在所有的液压传动系统中，溢流阀几乎都是不可或缺的，其性能对整个液压传动系统的工作有着很大的影响。溢流阀的性能是反映溢流阀品质、确定溢流阀适用场合的重要依据。溢流阀的性能主要包括静态性能和动态性能。静态性能是指溢流阀在稳态情况下，各参数之间的关系。动态性能是指溢流阀被控参数在发生瞬态变化的情况下，各参数之间的关系。溢流阀在液压传动系统中的作用通常是保持系统压力恒定。故对溢流阀静态性能的要求是，溢流阀所控制的系统压力受溢流阀流回油箱的溢流量的影响应尽量小一些；而对溢流阀动态性能的要求是，溢流阀能在尽可能多的工作场所稳定工作，超调量较小且响应较快。一般情况下，溢流阀的静态性能是溢流阀选用和性能评定的依据。溢流阀的静态性能一般包括压力调节范围和启闭特性等。

下面针对溢流阀的压力调节范围和启闭特性开展测试实验，并以此作为反映溢流阀静态性能和检验溢流阀质量的主要参考依据。溢流阀动态性能测试对液压设备要求较高，受设备的限制，本文不再对此进行说明。

1. 实验目的

（1）了解溢流阀的工作原理。
（2）掌握溢流阀静态性能的测试原理和测试方法。
（3）掌握溢流阀静态性能指标的含义。

2. 实验器材

溢流阀静态性能测试实验器材见表 2-9。

表 2-9 溢流阀静态性能测试实验器材

实验器材	数量
机电液气综合实验台	1 台
液压泵	1 个
直动式溢流阀和先导式溢流阀	各 1 个
流量计	1 个
压力表	2 个
二位二通电磁换向阀	1 个
油管	若干

3. 实验原理

溢流阀静态性能测试原理如图 2.17 所示，在实验过程中，应确保液压油的流量大于被测溢流阀的实验流量。允许在给定的基本回路中增设调节压力或流量的元件。一般通过调节节流阀（与溢流阀并联）开度大小来调节通过被测溢流阀的流量。图 2.17 所示的测

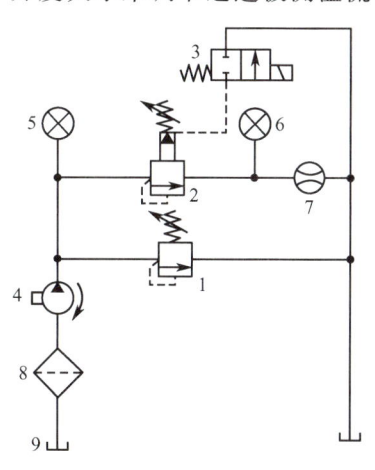

1—直动式溢流阀；2—先导式溢流阀；3—二位二通电磁换向阀；4—液压泵；
5，6—压力表；7—流量计；8—滤油器；9—油箱。

图 2.17 溢流阀静态性能测试原理

试原理是通过增设调压元件来调节被测溢流阀的进口压力的,从而改变进入被测溢流阀的流量。实验回路中,先导式溢流阀 2 为被测溢流阀,直动式溢流阀 1 用来改变被测溢流阀的进口压力。

4. 实验内容及步骤

(1) 溢流阀的压力调节范围测试。

溢流阀的调定压力由弹簧的压紧力决定,改变弹簧压缩量就可以改变溢流阀的调定压力。实验步骤如下。

① 如图 2.17 所示,把直动式溢流阀 1 完全打开,将被测试的先导式溢流阀 2 关闭。

② 启动液压泵 4,待液压泵运行 30s 后,调节直动式溢流阀 1,使液压泵 4 出口压力升至 6.5MPa;将先导式溢流阀 2 完全打开,使液压泵 4 的压力降至最低。

③ 调节先导式溢流阀 2 的手柄,使其从完全打开至完全关闭,再从完全关闭至完全打开,观察压力表 5、6 的变化是否平稳,并观察先导式溢流阀的压力调节范围(即最高调定压力和最低调定压力的差值)是否符合规定。

(2) 溢流阀的启闭特性测试。

溢流阀的启闭特性是指溢流阀控制的压力和流量之间的变化特性,包括开启特性和闭合特性。所测试的溢流阀包括直动式溢流阀和先导式溢流阀两种。

① 先导式溢流阀的启闭特性测试。

关闭直动式溢流阀 1,将被测先导式溢流阀 2 调定至所需压力值(如 5MPa)。打开直动式溢流阀 1,使通过先导式溢流阀 2 的流量为零。调节直动式溢流阀 1,使先导式溢流阀 2 入口压力升高。当流量计 7 稍有流量显示时,针对先导式溢流阀 2 每一次调节增大的入口压力值,观察通过流量计 7 对应的流量,并将数据记入表 2-10。开启实验完成后,再调节直动式溢流阀 1,使其压力逐级降低,针对先导式溢流阀 2 每一次调节减小的入口压力值,观察通过流量计 7 的流量,并将数据记入表 2-10。

表 2-10 溢流阀静态性能实验记录表

		被测溢流阀调定压力/MPa							
直动式溢流阀	开启特性	被测溢流阀入口压力/MPa							
		溢流量/(L/min)							
	闭合特性	被测溢流阀入口压力/MPa							
		溢流量/(L/min)							
先导式溢流阀	开启特性	被测溢流阀入口压力/MPa							
		溢流量/(L/min)							
	闭合特性	被测溢流阀入口压力/MPa							
		溢流量/(L/min)							

② 直动式溢流阀的启闭特性测试。

把直动式溢流阀 1 与先导式溢流阀 2 位置互换,按①的步骤和方法再进行直动式溢流阀的启闭特性测试实验,并将数据计入表 2-10。

③ 实验完成后，打开两个溢流阀，关闭液压泵，待回路中压力为零后，拆卸、清理液压元件，并将液压元件归类放入规定的抽屉。

④ 绘制直动式溢流阀、先导式溢流阀的启闭特性曲线。

5. 实验思考

（1）说明实验中直动式溢流阀、先导式溢流阀各自的作用。若用普通节流阀或调速阀取代实验中的直动式溢流阀，实验是否仍能完成？为什么？

（2）压力表 6 的压力增大对被测溢流阀的调节压力有什么影响？为什么？

2.5 液压缸性能测试

液压传动系统在工程领域应用广泛。其中，液压执行元件作为液压传动系统的核心装置，承担着控制和传递运动的关键任务。液压执行元件是将液压油的压力能转换为机械能的能量转换装置，能够驱动负载做直线往复运动或旋转运动，它包括液压缸和液压马达两种。液压马达通常是指输出旋转运动的液压执行元件，而输出直线运动的液压执行元件称为液压缸。由于液压马达质量比较大，在实验台上无法固定，因此本实验仅以双作用液压缸为例进行液压缸性能测试。

双作用液压缸有两种，一种是带有不同作用面积的单活塞杆式液压缸，另一种是带有相同作用面积的双活塞杆式液压缸。由于活塞和活塞环面积不同，因此单活塞杆式液压缸的有杆腔和无杆腔具有不同的容积。当流量不变时，单活塞杆式液压缸的活塞杆在伸出和返回时的速度不同。本实验将利用单活塞杆式双作用液压缸进行压力传动比、速度比的测试。

1. 实验目的

（1）熟悉单活塞杆式双作用液压缸的作用和工作原理。

（2）了解单活塞杆式双作用液压缸的性能。

（3）掌握单活塞杆式双作用液压缸压力传动比与速度比的测试方法。

2. 实验器材

单活塞杆式双作用液压缸性能测试实验器材见表 2-11。

表 2-11 单活塞杆式双作用液压缸性能测试实验器材

实验器材	数量
机电液气综合实验台	1 台
单活塞杆式双作用液压缸	1 个
节流阀	1 个
溢流阀	1 个
压力表	2 个

续表

实验器材	数量
二位四通电磁换向阀	1个
油管	若干

3. 实验原理

单活塞杆式双作用液压缸理论上的压力传动比可以通过计算活塞环面积 A_2 与活塞面积 A_1 之比 i_1 得到，即

$$i_1 = \frac{A_2}{A_1} = \frac{活塞环面积}{活塞面积} \tag{2-5}$$

已知活塞直径 $\phi = 25$ mm；活塞杆直径 $\phi = 16$ mm；活塞有效行程为 0.2 m。

实际压力比一般可利用式（2-6）进行计算。

$$i_1 = \frac{p_{伸出}}{p_{返回}} \tag{2-6}$$

式中：$p_{伸出}$ 为活塞杆伸出时液压缸的进口压力（MPa）；$p_{返回}$ 为活塞杆返回时液压缸的进口压力（MPa）。

根据式（2-7）计算液压缸中活塞杆伸出和返回时的速度。

$$v = \frac{s}{t} \tag{2-7}$$

式中：v 为液压缸中活塞杆的运动速度（m/s）；s 为液压缸中活塞杆的行程距离（m）；t 为液压缸中活塞杆的运动时间（s）。

因此，速度比 i_2 可根据式（2-8）进行计算。

$$i_2 = \frac{v_{伸出}}{v_{返回}} = \frac{返回时间}{伸出时间} \tag{2-8}$$

压力传动比液压回路如图 2.18 所示，电路控制原理如图 2.19 所示。

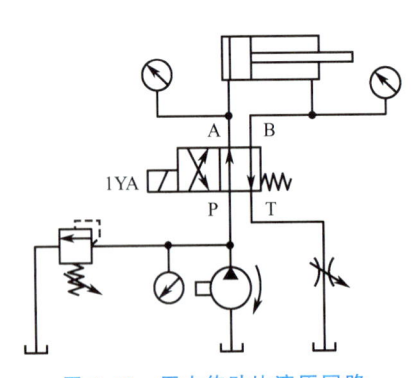

图 2.18 压力传动比液压回路   图 2.19 电路控制原理

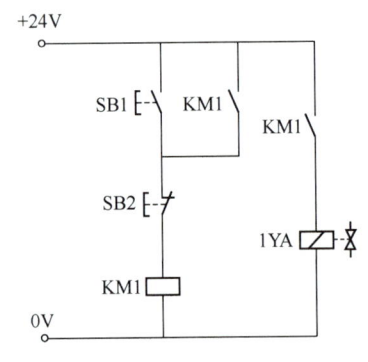

4. 实验内容及步骤

(1) 实验内容。

对单活塞杆式双作用液压缸的压力传动比和速度比进行测试,并将测得的结果与理论压力传动比和理论速度比进行对比分析。

(2) 实验步骤。

① 检查回路、接头是否连接正确。

② 将节流阀的开口调至完全打开状态。

③ 启动系统,调节溢流阀,将液压泵的压力调定为5MPa。

④ 调节节流阀开口,使活塞杆伸出时间约为5s。然后将活塞杆收回,做好实验记录准备。

⑤ 按下开关SB2,使活塞杆伸出(电磁铁失电),从压力表上读出压力数据,测量活塞杆伸出时间。

⑥ 按下开关SB1,使活塞杆返回(电磁铁得电),从压力表上读出压力数据,测量活塞杆返回时间。

⑦ 关闭系统,给单活塞杆式双作用液压缸连接一个负载物块,然后重启液压泵。

⑧ 重复步骤②至步骤⑦,使活塞杆往返,并记录下相应数据值。

⑨ 实验结束后,拆除添加到实验台上的元件,并将其归置于原处。

⑩ 计算理论压力传动比、实际压力传动比、无负载的速度比、有负载的速度比。

将无负载的压力及活塞杆速度数据记入表2-12,将有负载的压力及活塞杆速度数据记入表2-13。

表 2-12 无负载的压力及活塞杆速度

活塞杆状态	1YA通电情况	压力表1/MPa	压力表2/MPa	运行时间 t/s	运行速度 v /(m/s)
活塞杆伸出	断电				
活塞杆在伸出的终点位置	断电				
活塞杆返回	通电				
活塞杆在返回的终点位置	通电				

表 2-13 有负载的压力及活塞杆速度

活塞杆状态	1YA通电情况	压力表1/MPa	压力表2/MPa	运行时间 t/s	运行速度 v /(m/s)
活塞杆伸出	断电				
活塞杆在伸出的终点位置	断电				
活塞杆返回	通电				
活塞杆在返回的终点位置	通电				

5. 实验思考

（1）对于单活塞杆式双作用液压缸，为什么活塞杆伸出和返回时的力和速度不同？

（2）为什么理论压力传动比与实际压力传动比有差距？

习　　题

1. 常用的液压动力元件有哪些？简述液压动力元件的功能。

2. 仅从外观上观察液压泵，如何辨别压油口与吸油口？

3. 在做液压泵性能测试实验时，能够得出液压泵理论流量的途径有哪些？

4. 根据溢流阀性能测试的实验结果，试分析先导式溢流阀和直动式溢流阀哪个性能更好。

5. 实验过程中，能否用两个二位三通电磁换向阀替代一个二位四通电磁换向阀？请绘制图形予以说明。

【在线答题】

第3章 液压基本回路实验

本章教学要点

知识要点	掌握程度	相关知识
压力控制基本回路	了解压力控制基本回路的类型； 理解各压力控制基本回路的工作原理； 熟悉各压力控制基本回路的实现方式及特点	单级调压回路、二级调压回路、减压回路、卸荷回路、保压回路、防冲击回路
速度控制基本回路	了解速度控制基本回路的类型； 理解各速度控制基本回路的工作原理； 熟悉各速度控制基本回路的实现方式及特点	节流调速回路、差动回路、快慢速换接回路、慢速换接回路
方向控制基本回路	了解方向控制基本回路的类型； 理解各方向控制基本回路的工作原理； 熟悉各方向控制基本回路的实现方式及特点	换向回路、顺序动作回路、液压缸并联同步回路、液压锁紧回路

> **课程导入**
>
> 液压基本回路是由液压元件组成并能完成特定功能的典型回路。对于任何一种液压传动系统而言，不论其复杂程度如何，实际上都是由一些液压基本回路组成的。熟悉这些基本回路，对于了解整个液压传动系统会有较大的帮助。不同的液压基本回路有着不同的功能，只有掌握它们的基本工作原理、组成及特点，才能更准确地分析液压传动系统，进而正确地使用和维护液压传动系统。

3.1 压力控制基本回路

压力控制基本回路是控制液压传动系统整体或系统中某一部分的压力，以满足液压执行元件对力或力矩要求的回路，主要是为了防止系统过载和减少能量消耗。这类回路一般包括调压回路、减压回路、卸荷回路、保压回路、增压回路及平衡回路等多种基本回路。下面介绍几种有代表性的压力控制基本回路。

3.1.1 单级调压回路

1. 实验目的

（1）了解利用溢流阀调压的工作原理。
（2）掌握单级调压回路的实现方法。
（3）熟悉单级调压回路的组成、性能特点及应用。

2. 实验器材

单级调压回路实验器材见表 3-1。

表 3-1 单级调压回路实验器材

实验器材	数量
机电液气综合实验台	1 台
液压泵	1 个
液压缸	1 个
直动式溢流阀	1 个
二位四通电磁换向阀	1 个
油管、压力表	若干

3. 实验原理

直动式溢流阀是通过改变弹簧压缩量来改变压力的。直动式溢流阀在本实验中起调节系统压力的作用，为系统提供所需压力（压力＜6MPa）。单级调压回路及电气控制原理如图 3.1

所示。

（a）单级调压回路　　　　（b）电气控制原理

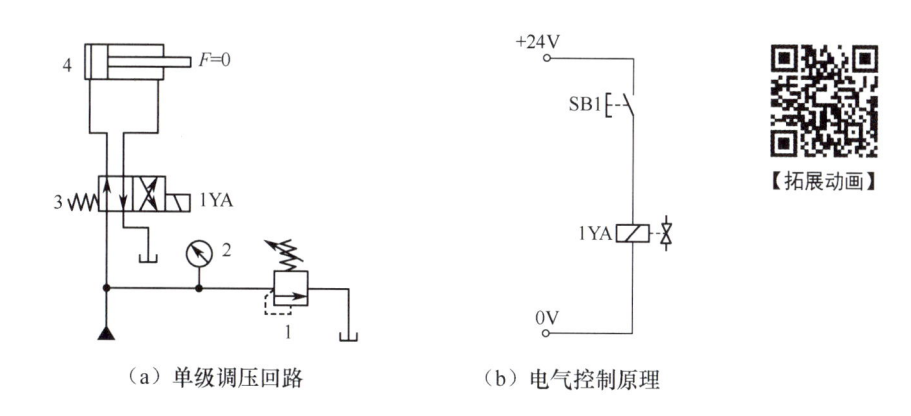

1—直动式溢流阀；2—压力表；3—二位四通电磁换向阀；4—液压缸。

图 3.1　单级调压回路及电气控制原理

4. 实验步骤

（1）准备好单级调压回路相关实验器材。

（2）连接单级调压回路。

（3）检查电气控制是否连接正确；打开电源开关，测试单级调压回路连接是否正确。

（4）确认无误后，完全松开直动式溢流阀 1。启动液压泵，通过调节直动式溢流阀 1 来调节压力，将压力控制在安全压力范围内（压力<6MPa）。

（5）闭合开关 SB1，二位四通电磁换向阀换向；调节直动式溢流阀 1，使液压缸在不同的压力下工作。

（6）实验结束后，完全松开直动式溢流阀 1，拆卸单级调压回路，清理相关的实验器材，并保持实验台干净整洁。

5. 注意事项

（1）检查油路搭接是否正确。

（2）确认 PLC 输入电源是否有特殊要求。

（3）检查油管接头搭接是否牢固。搭接后，可以稍微用力拉一下。

（4）实验开始前，检查电路搭接是否正确。如有错误，修正后再运行，直到错误被排除，再启动液压泵，开始实验。

（5）单级调压回路必须搭接安全阀（溢流阀）。启动液压泵前，完全打开安全阀；实验结束后，同样要先完全打开安全阀，再关闭液压泵。

6. 实验思考

单级调压拓展液压回路及电气控制原理如图 3.2 所示。当活塞杆右行时，系统压力由直动式溢流阀 1 调节。当活塞杆左行时，若系统压力由直动式溢流阀 5 调节时，对直动式溢流阀 5 调节的压力有没有要求？若有要求的话，直动式溢流阀 5 需要满足什么条件？

（a）单级调压拓展液压回路　　　（b）电气控制原理

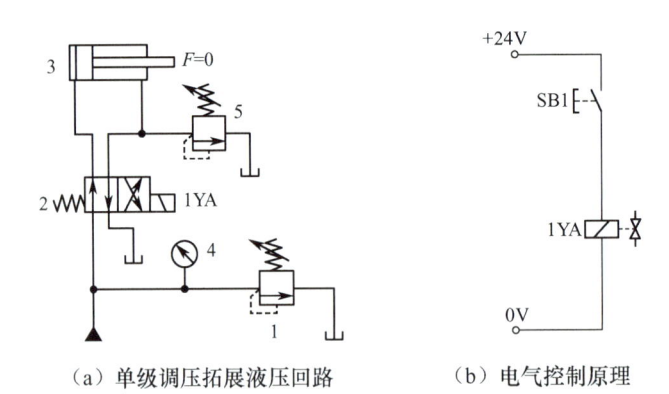

1，5—直动式溢流阀；2—二位四通电磁换向阀；3—液压缸；4—压力表。

图 3.2　单级调压拓展液压回路及电气控制原理

3.1.2　二级调压回路

1. 实验目的

（1）了解先导式溢流阀、直动式溢流阀的工作原理。
（2）掌握溢流阀的二级调压和多级调压的原理及应用。
（3）了解二级调压回路中各元件的使用方法和应用。

2. 实验器材

二级调压回路实验器材见表 3-2。

表 3-2　二级调压回路实验器材

实验器材	数量
机电液气综合实验台	1 台
液压泵	1 个
先导式溢流阀	1 个
直动式溢流阀	1 个
二位三通电磁换向阀	1 个
二位四通电磁换向阀	1 个
液压缸	1 个
高压油管、导线、压力表	若干

3. 实验原理

二级调压回路及电气控制原理如图 3.3 所示。当二位三通电磁换向阀的 2YA 断电时，系统压力由先导式溢流阀 1 调定；当二位三通电磁换向阀因 2YA 得电换向时，系统压力由直动式溢流阀 6 调定，系统压力将随直动式溢流阀变化而变化，从而实现远程调压。

（a）二级调压回路　　　　　　　（b）电气控制原理

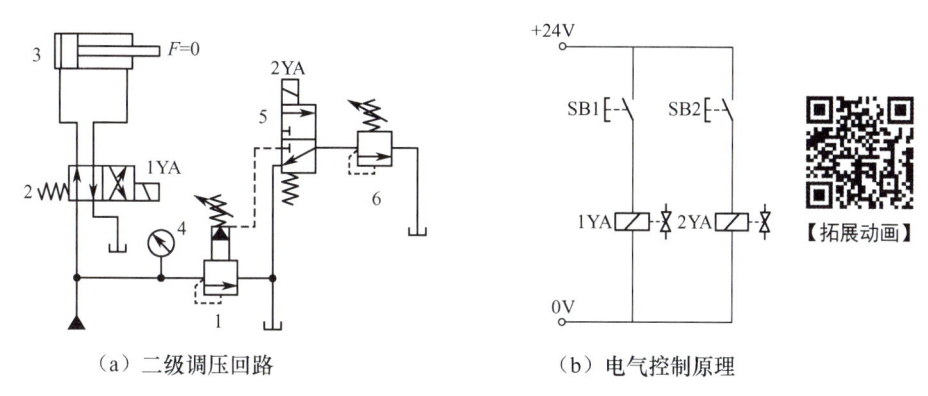

1—先导式溢流阀；2—二位四通电磁换向阀；3—液压缸；4—压力表；
5—二位三通电磁换向阀；6—直动式溢流阀。

图 3.3　二级调压回路及电气控制原理

4. 实验步骤

（1）准备好二级调压回路相关实验器材。

（2）连接二级调压回路。

（3）检查实验回路，确保回路连接正确。

（4）启动液压泵前，先检查安全阀（溢流阀）是否打开，确保完全打开先导式溢流阀1、直动式溢流阀6。在确认无误的情况下，开启系统。

（5）闭合开关 SB1，调节先导式溢流阀 1，以获得所需的压力，并使压力持续 1～3min。可从压力表上直接读出压力值。

（6）闭合开关 SB1 和 SB2，使二位三通电磁换向阀 5 处于上位状态；再调节直动式溢流阀 6，以获得所需压力，实现远程调压。直动式溢流阀 6 调节的压力值应小于先导式溢流阀 1 调节的压力值。

（7）实验结束后，完全打开所有溢流阀，拆卸二级调压回路，清理相关实验器材并将其放入规定位置，保持实验台干净整洁。

5. 注意事项

（1）检查油路搭接是否正确。

（2）确认 PLC 输入电源是否有特殊要求。

（3）检查油管接头搭接是否牢固。搭接后，可以稍微用力拉一下。

（4）实验开始前，检查电路搭接是否正确。如有错误，修正后再运行，直到错误被排除，再启动液压泵，开始实验。

（5）二级调压回路必须搭接安全（溢流阀）。启动液压泵前，完全打开安全阀；实验完成后，同样要先完全打开安全阀，再关闭液压泵。

3.1.3　减压回路

1. 实验目的

（1）了解减压阀的工作原理。

(2) 掌握减压阀的二级调压及多级调压的原理。

(3) 了解减压回路在实际生产中的应用。

(4) 了解减压回路中各元件的使用方法和功能。

2. 实验器材

减压回路实验器材见表 3-3。

表 3-3 减压回路实验器材

实验器材	数量
机电液气综合实验台	1 台
液压泵	1 个
直动式减压阀	1 个
三位四通电磁换向阀	1 个
直动式溢流阀	2 个
压力表	2 个
单向阀	1 个
液压缸	1 个
油管	若干

3. 实验原理

减压回路及电气控制原理如图 3.4 所示。当改变直动式减压阀 2 的调压弹簧的预紧力时，可改变进入液压缸中液压油的压力。

【拓展动画】

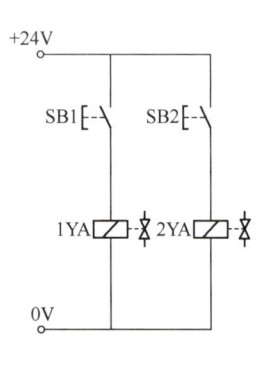

(a) 减压回路　　　(b) 电气控制原理

1—直动式溢流阀；2—直动式减压阀；3—单向阀；
4—三位四通电磁换向阀；5—液压缸。

图 3.4　减压回路及电气控制原理

4. 实验步骤

（1）准备好减压回路相关实验器材。
（2）正确连接减压回路，并完全打开直动式溢流阀 1。
（3）启动液压泵，通过调节直动式溢流阀 1 开口调节系统压力。
（4）调节直动式减压阀 2，以获得系统要求的二级压力。
（5）闭合开关 SB1，液压缸中的活塞杆伸出；闭合开关 SB2，液压缸中的活塞杆缩回。
（6）实验结束后，应先旋松直动式溢流阀 1 的手柄，再关闭液压泵。
（7）确认减压回路中系统压力为零后，取下油管，拆卸减压回路。将实验器材归类放入规定位置，保持实验台干净整洁。

5. 注意事项

（1）检查油路搭接是否正确。
（2）确认 PLC 输入电源是否有特殊要求。
（3）检查油管接头是否搭接牢固。搭接后，可以稍微用力拉一下。
（4）实验开始前，检查电路搭接是否正确。如有错误，修正后再运行，直到错误被排除，再启动液压泵，开始实验。
（5）减压回路必须搭接安全阀（溢流阀）。启动液压泵前，应完全打开安全阀；实验结束后，同样应先完全打开安全阀，再关闭液压泵。

6. 实验思考

多级减压回路使用不同出口压力设定值的减压阀，使系统得到多级工作压力。图 3.5 所示的多级减压回路中有几种压力水平？

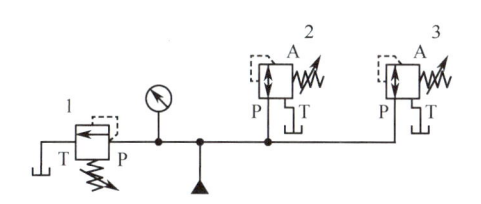

1—直动式溢流阀；2，3—直动式减压阀。
图 3.5　多级减压回路

3.1.4　卸荷回路

1. 实验目的

（1）了解三位四通电磁换向阀的各类中位机构（如 H 形、M 形）的结构和工作原理。
（2）了解卸荷回路的工作原理和卸荷回路在工业中的应用。
（3）了解卸荷回路中各元件的工作原理和应用。
（4）了解接近开关的工作方式和工作原理。

2. 实验器材

卸荷回路实验器材见表 3-4。

表 3-4　卸荷回路实验器材

实验器材	数量
机电液气综合实验台	1 台
三位四通电磁换向阀（H 形或 M 形）	1 个
液压泵	1 个
液压缸	1 个
接近开关及其支架	2 套
直动式溢流阀	1 个
压力表	1 个

3. 实验原理

三位四通电磁换向阀的换向是依靠电磁铁改变阀芯方向实现的，进而改变油路方向。三位四通电磁换向阀处于中位状态时，液压油直接回油箱，使液压泵卸荷，故该回路被称为卸荷回路。卸荷回路及电气控制原理如图 3.6 所示。

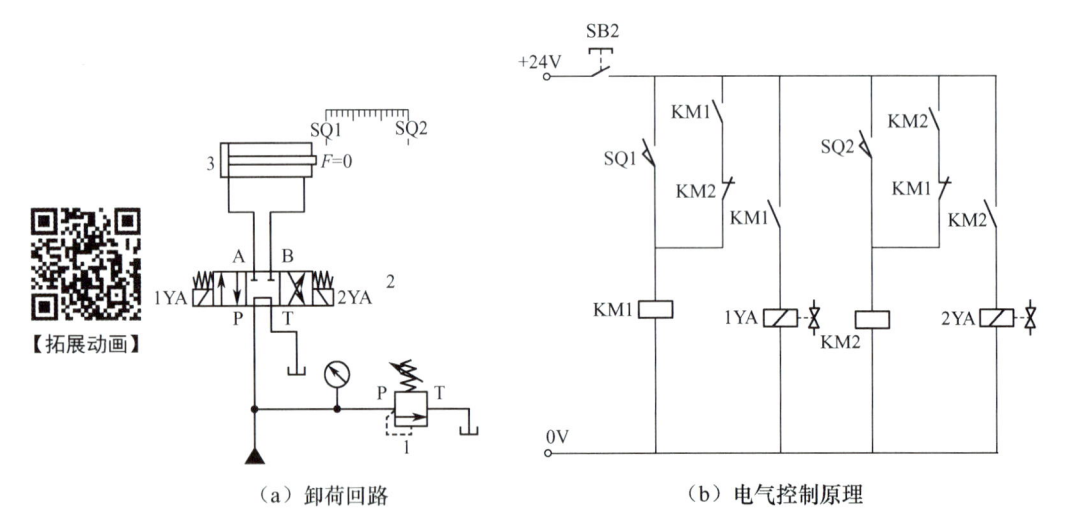

（a）卸荷回路　　　　（b）电气控制原理

1—直动式溢流阀；2—三位四通电磁换向阀；3—液压缸。

图 3.6　卸荷回路及电气控制原理

4. 实验步骤

（1）准备好卸荷回路相关实验器材。

（2）正确连接卸荷回路，并把直动式溢流阀 1 完全打开。

（3）启动液压泵，调节直动式溢流阀 1 开口，观察压力表读数是否近似为 0。

（4）闭合开关 SB2，液压缸中活塞杆连续伸出、缩回；断开开关 SB2，液压缸中活塞杆停止运动，且压力表读数近似为 0。

（5）实验结束后，应先旋松直动式溢流阀 1 的手柄，再关闭液压泵。

（6）确认卸荷回路中压力为零后，取下油管和其他元件，将其归类放入规定位置，保持实验台干净整洁。

5. 实验思考

除了采用换向阀中位机能进行系统卸荷，还有哪些卸荷方式？试画出其中一种卸荷回路的原理图，并简述其卸荷原理。

3.1.5 保压回路

1. 实验目的

（1）了解并熟悉保压回路在工业领域的应用。

（2）了解保压回路中各元件的工作原理及应用。

2. 实验器材

保压回路实验器材见表 3-5。

表 3-5 保压回路实验器材

实验器材	数量
机电液气综合实验台	1 台
液压泵	1 个
三位四通电磁换向阀	1 个
二位三通电磁换向阀	1 个
单向阀	1 个
直动式溢流阀	1 个
液压缸	1 个
压力表	2 个
油管及导线	若干

3. 实验原理

保压回路及电气控制原理如图 3.7 所示。开启系统，液压缸开始工作，待系统中压力达到工作压力时，断开二位三通电磁换向阀及三位四通电磁换向阀，系统保持工作压力；回油时，接通二位三通电磁换向阀及三位四通电磁换向阀，以满足实验要求。

4. 实验步骤

（1）准备好保压回路相关实验器材，并将其连接起来。

（2）根据动作要求设计电路，并依据设计好的电路进行实物连接。

（a）保压回路　　　　　　（b）电气控制原理

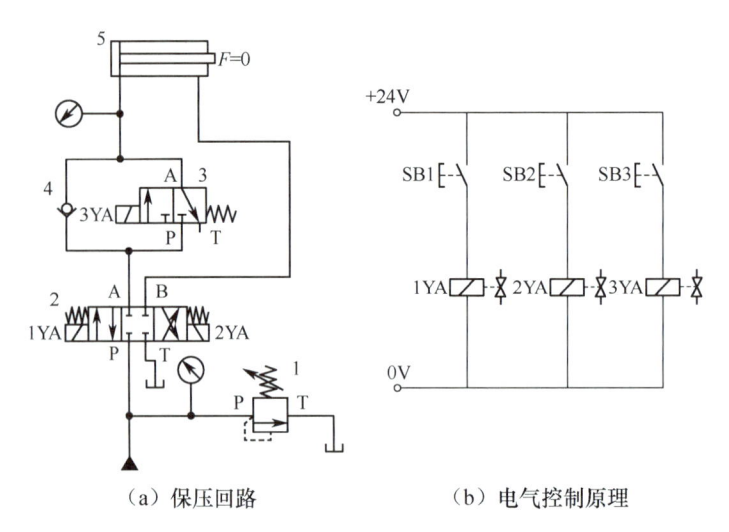

1—直动式溢流阀；2—三位四通电磁换向阀；3—二位三通电磁换向阀；
4—单向阀；5—液压缸。

图 3.7　保压回路及电气控制原理

（3）确认无误后，完全打开直动式溢流阀，启动液压泵，并调节系统压力为工作所需压力（压力＜6MPa）。

（4）接通 SB1、SB3，三位四通电磁换向阀 2 和二位三通电磁换向阀 3 因 1YA、3YA 得电，液压缸 5 中的活塞杆伸出。

（5）断开 SB1 和 SB3，接通 SB2，三位四通电磁换向阀 2 因 1YA 断电、2YA 得电，2YA 得电换向，液压缸 5 中的活塞杆缩回。断开全部开关，液压缸保持在原有工作位置，系统保压，达到实验目的。

（6）实验结束后，活塞杆缩回，关闭液压泵。待系统压力为零后，拆卸油管及其他元件，并将其放在规定位置。整理好实验台，并保持实验台干净整洁。

5. 注意事项

（1）检查油路搭接是否正确。

（2）确认 PLC 输入电源是否有特殊要求。

（3）检查油管接头是否搭接牢固。搭接后，可以稍微用力拉一下。

（4）实验开始前，检查电路搭接是否正确。如有错误，修正后再运行，直到错误被排除，再启动液压泵，开始实验。

（5）保压回路必须搭接安全阀（溢流阀）。启动液压泵前，完全打开安全阀；实验结束后，同样应先完全打开安全阀，再关闭液压泵。

6. 实验拓展

蓄能器保压回路及电气控制原理如图 3.8 所示。蓄能器补油时，最大压力值由压力继电器调定。压力继电器发出信号时，二位三通电磁换向阀卸荷；压力继电器不发出信号时，液压泵给蓄能器充压。请指出该保压回路的优缺点。

（a）蓄能器保压回路　　　　　（b）电气控制原理

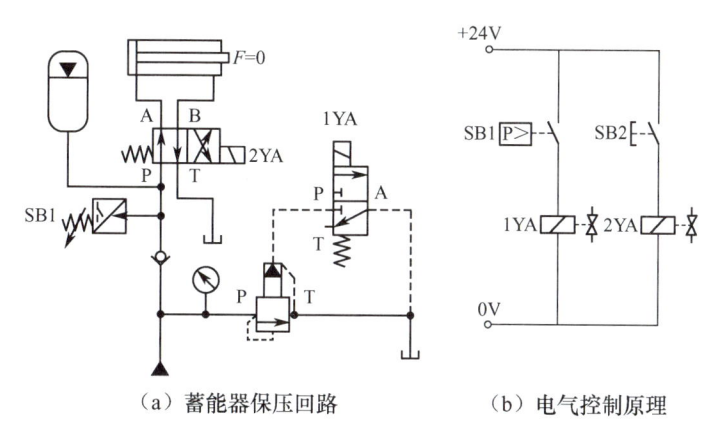

图 3.8　蓄能器保压回路及电气控制原理

7. 实验思考

（1）图 3.7 所示的保压回路是利用什么实现保压的？该保压回路一般适用于哪种场合？

（2）图 3.7 所示的保压回路是否有必要使用二位三通电磁换向阀？若没有必要，用什么阀替换较为合适？

3.1.6　防冲击回路

1. 实验目的

（1）了解液压传动系统中设置缓冲阀的目的。
（2）掌握典型的防冲击回路，理解它们是怎样达到防冲击效果的。

2. 实验器材

防冲击回路实验器材见表 3-6。

表 3-6　防冲击回路实验器材

实验器材	数量
机电液气综合实验台	1 台
三位四通电磁换向阀	1 个
液压缸	1 个
溢流阀	1 个
顺序阀	2 个
油管	若干
压力表	1 个
液压泵	1 个

3. 实验原理

选择合适的实验器材，安装运行一个或多个缓冲回路。本实验以顺序阀为例进行实验设计，以防液压泵突然启动，产生过高的冲击压力，破坏液压元件。根据实际工况，将顺序阀调定至一定压力，当回路中压力达到设定值时，顺序阀开始工作，从而起保护回路的作用。采用顺序阀的防冲击回路及电气控制原理如图 3.9 所示。

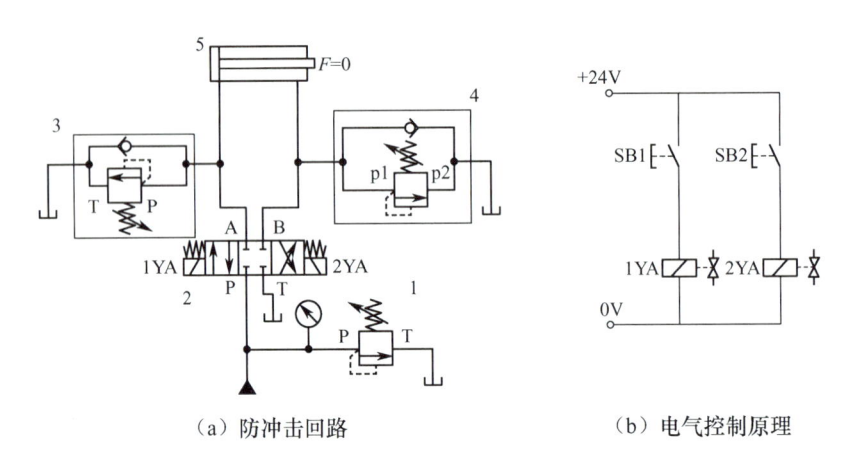

（a）防冲击回路　　　　　（b）电气控制原理

1—溢流阀；2—三位四通电磁换向阀；3，4—顺序阀；5—液压缸。

图 3.9　采用顺序阀的防冲击回路及电气控制原理

4. 实验步骤

（1）根据防冲击回路需要，准备液压元件等相关实验器材，并确认液压元件是否完好无损。

（2）将检验好的液压元件安装在插件板的适当位置。按照防冲击回路要求，利用快速接头和油管把各个液压元件（包括压力表）连接起来（并联油路可用多孔油路板）。

（3）确认防冲击回路连接正确后，旋松液压油出口处的溢流阀（系统溢流阀作为安全阀使用，不得随意调整），启动液压泵，按要求调压。应在系统额定压力范围内调节压力（压力<6MPa）。

（4）闭合开关 SB1，三位四通电磁换向阀 2 因 1YA 得电换向，液压缸中活塞杆 5 伸出，当顺序阀 3 压力达到设定压力时，顺序阀 3 开启，保护回路。

（5）闭合开关 SB2，三位四通电磁换向阀 2 因 2YA 得电换向，液压缸中活塞杆 5 缩回，当顺序阀 3 压力达到设定压力时，顺序阀 4 开启，保护回路。

（6）实验结束后，应先旋松溢流阀手柄，再关闭液压泵。确认回路中压力为零后，取下连接油管和其他元件，并将其归类放入规定位置，保持实验台干净整洁。

5. 实验注意事项

（1）检查油路搭接是否正确。

（2）确认 PLC 输入电源是否有特殊要求。

（3）检查油管接头是否搭接牢固。搭接后，可以稍微用力拉一下。

（4）实验开始前，检查电路搭接是否正确。如有错误，修正后再运行，直到错误被排除，再启动液压泵，开始实验。

（5）防冲击回路必须搭接安全阀（溢流阀）。启动液压泵前，完全打开安全阀；实验结束后，同样应先完全打开安全阀，再关闭液压泵。

3.2　速度控制基本回路

液压传动系统优点之一是能方便地实现无级调速。相比于齿轮传动等机械传动形式，液压传动系统具有很大的优势。在液压传动系统中，执行元件的速度是由输入执行元件的液体流量和作用在执行元件（如液压缸活塞）上的有效工作面积决定的，故执行元件的动作速度只能通过改变输入执行元件的液体流量或作用在执行元件上的有效工作面积来控制。由于在实际过程中，作用在执行元件上的有效工作面积一般是不可改变的，因此对液压传动系统来说，只能通过改变输入执行元件的液体流量来调速。改变输入执行元件的液体流量可以通过采用节流元件（如节流阀）实现，也可以通过采用变量泵的方法实现，前者称为节流调速，后者称为容积调速。

3.2.1　节流调速回路

1. 实验目的

（1）学会利用节流阀、调速阀、溢流阀、换向阀、液压缸等液压元件设计节流调速回路，加深对所学知识的理解与掌握。

（2）提高利用各种液压元件进行系统回路的安装、连接及调试等实践能力。

（3）进一步理解调速阀的工作原理、基本结构及其在节流调速回路中的应用。

（4）通过实验了解利用节流装置控制液压传动系统中执行元件运动速度的有效性，以及节流调速回路的优点、缺点。

（5）掌握不同节流调速回路的调速性能、特点及不同之处，加深对采用节流阀与采用调速阀的节流调速回路性能的理解。

2. 实验内容

设计利用节流阀或调速阀的节流调速回路，完成如下三种调速回路实验。

（1）进油节流调速回路实验。

（2）回油节流调速回路实验。

（3）旁路节流调速回路实验。

在机电液气综合实验台上安装、连接并调试节流调速回路，使节流调速回路正常运行。利用实验数据，计算各种节流阀或调速阀通流面积所对应的活塞杆运动速度；或利用所记录的活塞杆运动速度反求与之相对应的节流阀或调速阀的通流面积，近似画出节流调速回路的速度-负载特性曲线。

3. 实验原理

（1）采用节流阀的进油节流调速回路。

采用节流阀的进油节流调速回路如图 3.10 所示，这种调速回路是将节流阀安装在液压缸的进油路上，定量泵输出的流量 q_p 是恒定的。在由溢流阀调定的供油压力 p_p 下，其中的一部分流量 q_1 通过节流阀进入液压缸的工作腔，此液压油的压力 p_1 作用在活塞（面积为 A_1）上，克服液压缸承受的负载 F，推动活塞杆向右运动；另一部分流量 Δq 则通过溢流阀流回油箱。调节节流阀的通流截面面积 A_T，可以改变进入液压缸的液压油流量 q_1，从而改变活塞杆的运动速度。

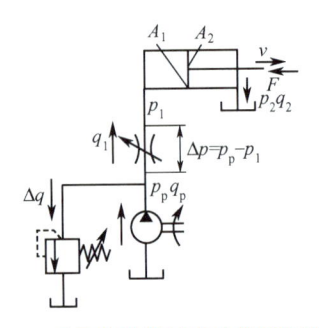

图 3.10 采用节流阀的进油节流调速回路

该节流调速回路中的各个主要参数存在如下关系。

$$q_p = q_1 + \Delta q$$

$$v = \frac{q_1}{A_1}$$

$$\Delta p = p_p - p_1$$

$$q_1 = c_d A_T \Delta p^\varphi$$

$$p_1 A_1 = p_2 A_2 + F$$

$$p_2 = 0$$

式中：v 为液压缸中活塞杆运动速度（m/s）。Δp 为节流阀前后压力差（MPa）。c_d 为孔口流量系数；液压油完全收缩时，取值 0.61～0.62；液压油不完全收缩时，取值 0.7～0.8。φ 为孔口形状系数；薄壁小孔，$\varphi=0.5$；细长孔，$\varphi=1$。p_2 为液压缸回油口压力（MPa）。A_1 为液压缸无杆腔有效作用面积（m²）。A_2 为液压缸有杆腔有效作用面积（m²）。

整理上述方程组，得

$$v = c_d A_T (p_p A_1 - F)^\varphi \tag{3-1}$$

当节流阀的结构形式及液压缸的尺寸大小确定之后，液压缸中活塞杆运动速度 v 与节流阀的通流截面面积 A_T、溢流阀调定的供油压力 p_p 及负载 F 有关。当 A_T 和 p_p 确定后，v 随 F 变化而变化，其中负载 F 包括工作负载、摩擦负载和惯性负载等。节流调速回路中液压缸中活塞杆运动速度和负载之间的关系称为速度-负载特性。若以液压缸中活塞杆运动速度 v 为纵坐标，以负载 F 为横坐标，将式（3-1）按不同的节流阀的通流截面面积 A_T 作图，可以得出采用节流阀的进油节流调速回路速度-负载特性曲线，如图 3.11 所示。

（2）采用节流阀的回油节流调速回路。

采用节流阀的回油节流调速回路如图 3.12 所示，这种节流调速回路将节流阀装在液压缸的回油路上，用它来控制液压缸的回油腔流出的流量 q_2，从而控制进入液压缸工作腔

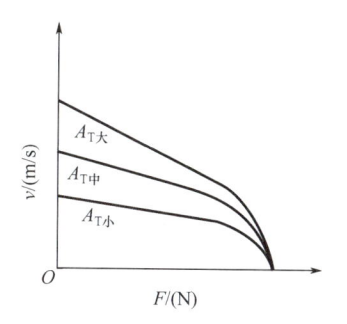

图 3.11　采用节流阀的进油节流调速回路速度-负载特性曲线

的流量 q_1。定量泵输出的恒定流量 q_p 一部分进入液压缸，其他部分都通过溢流阀流回油箱。在这种节流调速回路中，当不计管路和换向阀的压力损失时，液压缸工作腔内液压油的工作压力为 p_p（它基本上为一定值）。此时，液压油作用在面积 A_1 上所产生的推力，除了要克服负载 F，还要克服液压缸回油压力 p_2 作用在面积 A_2 上的背压阻力，才能推动活塞向右运动。

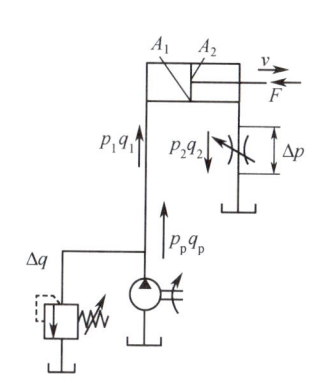

图 3.12　采用节流阀的回油节流调速回路

该节流调速回路中各主要参数存在如下关系。

$$q_p = q_1 + \Delta q$$

$$v = \frac{q_1}{A_1} = \frac{q_2}{A_2}$$

$$\Delta p = p_2 - p_3$$

$$q_2 = c_d A_T \Delta p^\varphi$$

$$p_1 A_1 = p_2 A_2 + F$$

$$p_3 = 0$$

式中：p_3 为节流阀出口压力（MPa）。

整理上述方程组，得

$$v = \frac{c_d A_T (p_p A_1 - F)^\varphi}{A_2} \tag{3-2}$$

通过对比式（3-1）和式（3-2）可知，采用节流阀的回油节流调速回路的速度-负载特性和采用节流阀的进油节流调速回路的速度-负载特性是完全相同的。

（3）采用节流阀的旁路节流调速回路。

采用节流阀的旁路节流调速回路如图 3.13 所示，这种节流调速回路的节流阀安装在与溢流阀并联的旁支油路上。定量泵输出恒定的流量 q_p，其中一部分流量进入液压缸，推动活塞杆前进；另一部分流量 q_t 通过节流阀流回油箱。改变节流阀的通流截面面积 A_T 就可以改变 q_t，从而改变 q_1，达到调速的目的。

【拓展动画】

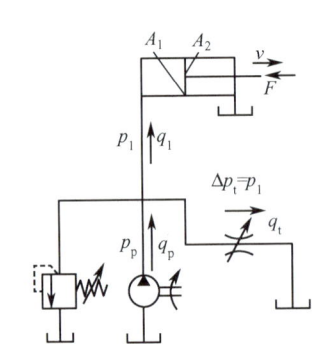

图 3.13 采用节流阀的旁路节流调速回路

当不考虑管路的压力损失时，液压泵的供油压力等于液压缸工作腔内液压油的压力 p_1，其大小取决于负载 F 和工作腔的有效面积 A_1（$p_1=F/A_1$）。溢流阀的调定压力必须达到能克服最大负载所需的压力，系统才能正常工作。由于工作中溢流阀处于关闭状态，仅当回路过载时溢流阀才打开，因此，该溢流阀又称安全阀。该节流调速回路的各个主要参数存在如下关系。

$$q_p = q_1 + q_t$$

$$v = \frac{q_1}{A_1}$$

$$\Delta p_t = p_1 - p_2$$

$$q_t = c_d A_T \Delta p_t^\varphi$$

$$p_1 A_1 = p_2 A_2 + F$$

$$p_2 = p_3 = 0$$

$$p_2 = 0$$

$$p_p = p_1$$

式中：Δp_t 为流量控制阀前后压力差（MPa）。

整理上述方程组，得

$$v = \frac{q_p - c_d A_T (F/A_1)^\varphi}{A_1} \tag{3-3}$$

将式（3-3）按不同的节流阀通流截面面积 A_T 作图，可以得出采用节流阀的旁路节流调速回路速度-负载特性曲线，如图 3.14 所示。

（4）采用调速阀的进油节流调速回路。

采用调速阀的进油节流调速回路如图 3.15 所示，这种节流调速回路的工作情况与采用节流阀的进油节流调速回路完全相同。采用调速阀的进油节流调速回路的各个主要参数存在如下关系。

$$q_p = q_1 + \Delta q$$

$$v = \frac{q_1}{A_1}$$

$$\Delta p_t = p_p - p_1$$

$$\Delta p = p_m - p_1$$

$$q_1 = c_d A_T \Delta p^\varphi$$

$$p_1 A_1 = p_2 A_2 + F$$

$$p_2 = 0$$

式中：Δq 为流经溢流阀的流量（m³/s）；p_m 为调速阀设定压力（MPa）。

整理上述方程组，得

$$v = \frac{c_d A_T \left(p_m - \dfrac{F}{A_1}\right)^\varphi}{A_1} \tag{3-4}$$

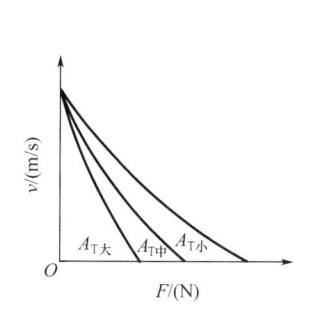

图 3.14　采用节流阀的旁路节流调速回路速度-负载特性曲线

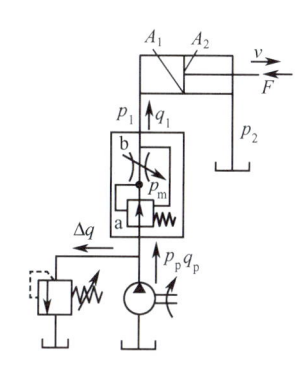

图 3.15　采用调速阀的进油节流调速回路

调速阀中的减压阀使节流阀前后的压差 Δp 基本保持不变，故图 3.15 所示回路采用调速阀的进油节流调速回路的机械特性曲线活塞运动速度也基本保持不变。将式（3-4）按不同的节流阀的通流截面面积 A_T 作图，则可以得出相应的速度-负载特性曲线，如图 3.16 所示。

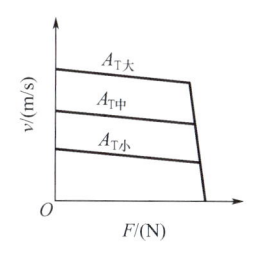

图 3.16　采用调速阀的进油节流调速回路速度-负载特性曲线

【拓展动画】

4. 实验步骤

（1）搭接采用节流阀的进油节流调速回路。

(2) 检查实验台上搭接的回路是否正确，确认各油管连接部分是否插接牢固。确认无误后，接通电源，完全打开溢流阀，启动液压泵。

(3) 将回路中的节流阀调节旋钮调至流量较小位置（使节流阀的通流截面面积尽可能小），进行预运行。

(4) 调定液压泵的供油压力 p_p，改变节流阀的通流截面面积，使液压缸活塞杆伸出，测定并记录液压缸进、出口的压力 p_1 和 p_2，以及活塞杆的运行距离 s 和对应的运行时间 t。

(5) 在上述条件不变的情况下，重复实验1次。

(6) 重复步骤（4）和步骤（5），分别记录在不同通流截面面积下的实验数据。

(7) 利用所记录的实验数据，整理并绘制采用节流阀的进油节流调速回路的速度-负载特性曲线。

重复以上步骤，分别完成采用节流阀的进油节流调速回路、采用节流阀的回油节流调速回路、采用节流阀的旁路节流调速回路和采用调速阀的进油节流调速回路实验，并将相应的实验数据记录在表3-7、表3-8、表3-9和表3-10中。

为便于对比上述四种节流调速回路的实验结果，在调节每个回路的节流阀的通流截面面积（A_T）时，应该尽可能一致。

5. 注意事项及操作规程

(1) 在做实验之前，仔细阅读指导书和实验台上标注的操作规程。

(2) 操作实验台之前，检查实验台，并排除液压缸和各油管内的空气。

(3) 在实验台工作过程中，禁止用手加载液压缸。

(4) 电气按钮说明。

① 按下上电按钮，上电指示灯亮起。

② 启动液压泵电动机。液压泵电动机指示灯亮起，表示液压泵电动机正常运行。

③ 按下换向阀按钮，驱动液压缸中活塞杆进行伸出和缩回。

④ 遇到紧急情况时，按下停止按钮。

⑤ 做完实验后，再次按下上电按钮，切断电源。

6. 实验数据整理

(1) 根据记录的实验数据，绘制速度-负载特性曲线。

(2) 分析实验结果，进行实验总结。

表3-7 采用节流阀的进油节流调速回路实验数据

压力参数/MPa		测算参数				
p_1	p_2	距离 s /mm	时间 t/s			速度 v /(mm/s)
			第一次	第二次	平均值	

表 3-8　采用节流阀的回油节流调速回路实验数据

压力参数/MPa		测算参数				
p_1	p_2	距离 s /mm	时间 t/s			速度 v /(mm/s)
			第一次	第二次	平均值	

表 3-9　采用节流阀的旁路节流调速回路实验数据

压力参数/MPa		测算参数				
p_1	p_2	距离 s /mm	时间 t/s			速度 v /(mm/s)
			第一次	第二次	平均值	

表 3-10　采用调速阀的进油节流调速回路实验数据

压力参数/MPa		测算参数				
p_1	p_2	距离 s /mm	时间 t/s			速度 v /(mm/s)
			第一次	第二次	平均值	

7. 实验思考

（1）在采用节流阀的进油节流调速回路、采用节流阀的回油节流调速回路和采用节流阀的旁路节流调速回路中，当节流阀的开度变化时，它们的速度-负载特性如何变化？

（2）就低速平稳性而言，为什么采用节流阀的回油节流调速优于采用节流阀的进油节流调速？

（3）为什么采用节流阀的回油节流调速回路中会出现启动前冲？

（4）在四种节流调速回路中，溢流阀所起的作用是否相同？各起什么作用？

（5）结合实验数据说明采用调速阀的进油节流调速回路在一定的负载范围内速度为什么不变？

（6）在采用节流阀的进油节流调速回路和采用节流阀的回油节流调速回路中，液压泵的液压油泄漏对执行元件的运动速度有无影响？为什么？

（7）分析造成实验误差的原因。

3.2.2 差动回路

1. 实验目的

（1）通过开展差动回路实验，加深对差动回路的感性认识。
（2）熟悉差动回路中各液压元件的工作原理。
（3）能够模拟差动回路在工业中的运用。

2. 实验器材

差动回路实验器材见表 3-11。

表 3-11　差动回路实验器材

实验器材	数量
机电液气综合实验台	1 台
三位四通电磁换向阀	1 个
二位三通电磁换向阀	1 个
液压缸	1 个
溢流阀	1 个
接近开关及其支架	3 套
调速阀（或单向节流阀）	1 个
油管及导线	若干

3. 实验原理

差动回路及电气控制原理如图 3.17 所示。当三位四通电磁换向阀在左位工作时，活塞杆向右运行。二位三通电磁换向阀在左位工作，形成差动。当接近开关 SQ2 感应到信号时，二位三通电磁换向阀在右位工作，液压油经过调速阀。调节调速阀，即可控制活塞杆的前进速度，以达到工作要求。

4. 实验步骤

（1）认真阅读差动回路及电气控制原理图。

（2）根据差动回路选择恰当的液压元件，并把各液压元件连接起来。

（3）根据电气控制原理图连接电路。

（4）确认无误后，完全打开溢流阀 1（溢流阀作为安全阀使用且不得随意调整），再启动液压泵，按要求调节压力（压力＜6MPa）。

（5）当接近开关 SQ1 感应到信号时，三位四通电磁换向阀 2 因 1YA 得电换向，液压缸 4 中活塞杆伸出，与二位三通电磁换向阀 3 形成差动连接。

（6）当接近开关 SQ2 感应到信号时，二位三通电磁换向阀 3 因 3YA 得电换向，液压缸 4 中活塞杆实现工进。

（7）当接近开关 SQ3 感应到信号时，三位四通电磁换向阀 2 因 2YA 得电换向，二位

(a) 差动回路　　　　　　　(b) 电气控制原理

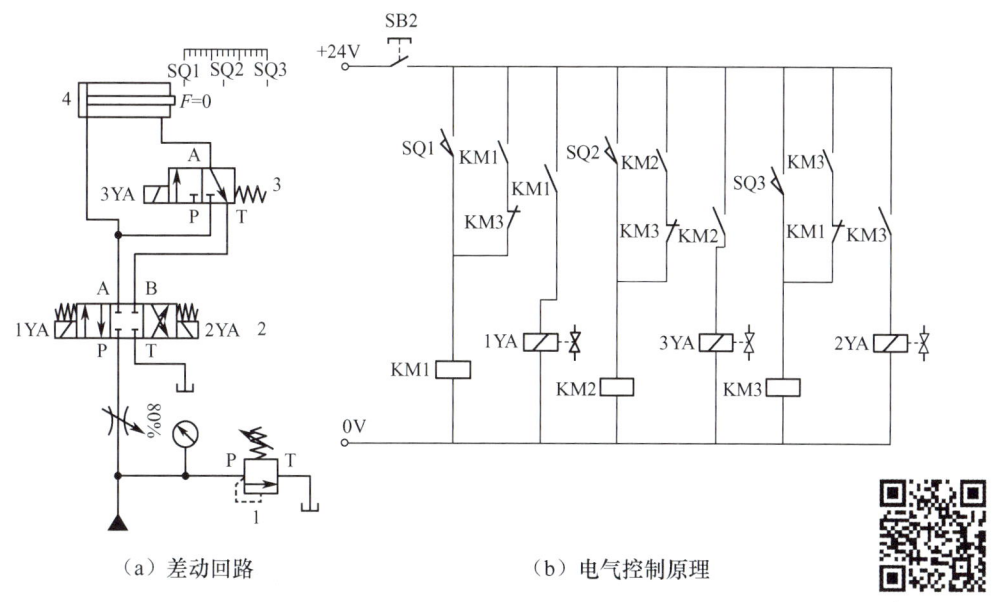

1—溢流阀；2—三位四通电磁换向阀；3—二位三通电磁换向阀；4—液压缸。【拓展动画】

图 3.17　差动回路及电气控制原理

三通电磁换向阀 3 的 3YA 失电，液压缸 4 中活塞杆缩回。

（8）观察液压缸中活塞杆的运动状态，液压缸中活塞杆的伸出部分形成差动，以满足实验所需。

（9）实验结束后，打开溢流阀，关闭液压泵。待系统压力为零后，拆卸油管及其他元件，并把它们放回规定的位置，整理好实验台。

5. 实验注意事项

（1）检查油路搭接是否正确。

（2）确认 PLC 输入电源是否有特殊要求。

（3）检查油管接头是否搭接牢固。搭接后，可以稍微用力拉一下。

（4）实验开始前，检查电路搭接是否正确。如有错误，修正后再运行，直到错误被排除，再启动液压泵，开始实验。

（5）差动回路须搭接安全阀（溢流阀）。启动液压泵前，完全打开安全阀；实验完成后，同样应先完全打开安全阀，再关闭液压泵。

3.2.3　快慢速换接回路

1. 实验目的

（1）熟悉快慢速换接回路中各液压元件的工作原理。

（2）初步熟悉 PLC 软件的编程，以及该软件的工作方式。

（3）了解两级换速回路的工作原理及其在工业中的实际应用。

（4）加强动手能力和创新能力。

2. 实验器材

快慢速换接回路实验器材见表 3-12。

表 3-12 快慢速换接回路实验器材

实验器材	数量
机电液气综合实验台	1台
液压泵	1个
液压缸	1个
直动式溢流阀	1个
三位四通电磁换向阀	1个
二位三通电磁换向阀	1个
调速阀（或单向节流阀）	1个
接近开关及其支架	3套
油管、压力表、四通	若干

3. 实验原理

能够实现快慢速换接的方法有很多，图 3.18 所示的回路是利用行程开关实现快慢速换接的。系统的速度分别可以由单向节流阀 3 及二位三通电磁换向阀 4 调节。当二位三通电磁换向阀 4 没有接入导通时，速度由单向节流阀 3 调节；当二位三通电磁换向阀 4 接入导通时，系统处于没有背压的状态，单向节流阀 3 没有调速功能，从而达到快慢速换接的

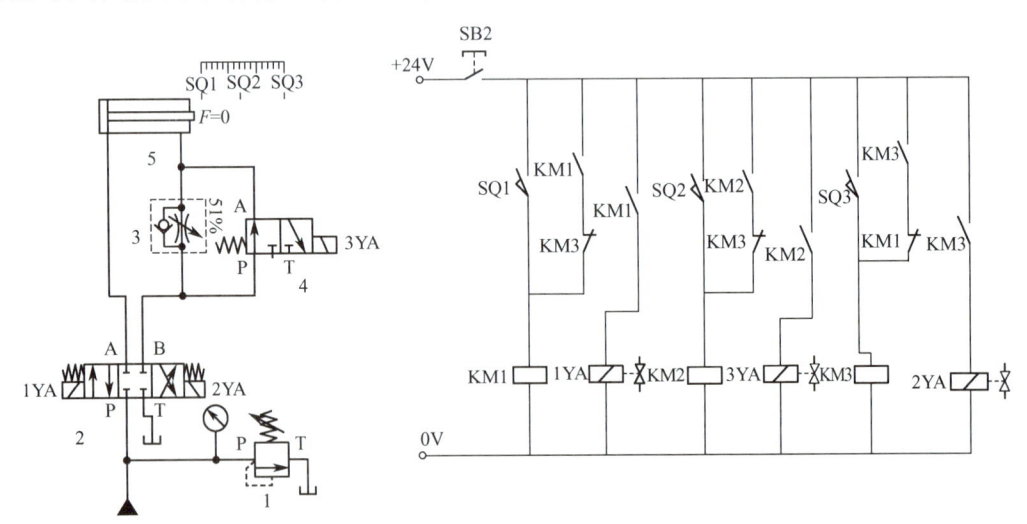

（a）快慢速换接回路　　　　　　（b）电气控制原理

1—溢流阀；2—三位四通电磁换向阀；3—单向节流阀；
4—二位三通电磁换向阀；5—液压缸。

图 3.18 快慢速换接回路及电气控制原理

【拓展动画】

要求。其中，二位三通电磁换向阀 4 和三位四通电磁换向阀 2 的通断由接近开关控制。

4. 实验步骤

（1）认真阅读快慢速换接回路及电气控制原理图。

（2）根据快慢速换接回路选择恰当的液压元件，并按图把实物连接起来。

（3）根据电气控制原理图连接电路。

（4）在开启液压泵前，先检查搭接的油路和电路是否正确，经测试无误后，方可开始实验。

（5）启动液压泵前，完全打开溢流阀 1，调节系统压力到工作压力（压力<6MPa）。

（6）当接近开关 SQ1 感应到信号时，三位四通电磁换向阀因 1YA 得电换向，液压缸中活塞杆快速伸出。待接近开关 SQ2 感应到信号，二位三通电磁换向阀因 3YA 得电换向，液压油经单向节流阀流出。调节单向节流阀的节流口，改变液压缸中活塞杆的运动速度，使其减速运行。

（7）当接近开关 SQ3 感应到信号时，三位四通电磁换向阀因 2YA 得电换向（1YA 和 3YA 失电），液压缸中活塞杆快速缩回。待接近开关 SQ1 感应到信号，重复执行步骤（6）。

（8）实验结束后，打开溢流阀，关闭液压泵。待系统压力为零后，拆卸油管及其他元件，并把它们放回规定的位置。整理好实验台，并保持实验台干净整洁。

5. 注意事项

（1）检查油路搭接是否正确。

（2）确认 PLC 输入电源是否有特殊要求。

（3）检查油管接头是否搭接牢固。搭接后，可以稍微用力拉一下。

（4）实验开始前，检查电路搭接是否正确。如有错误，修正后再运行，直到错误被排除，再启动液压泵，开始实验。

（5）快慢速换接回路须搭接安全阀（溢流阀）。启动液压泵前，完全打开安全阀；实验结束后，同样应先完全打开安全阀，再关闭液压泵。

3.2.4　慢速换接回路

1. 实验目的

（1）熟悉慢速换接回路中各液压元件的工作原理。

（2）了解慢速换接回路的工作原理及实现方法。

（3）深入理解并掌握液压元件的使用方法。

（4）加强动手能力和创新能力。

PLC 程序如图 3.19 所示，仅供参考。

2. 实验器材

慢速换接回路实验器材见表 3-13。

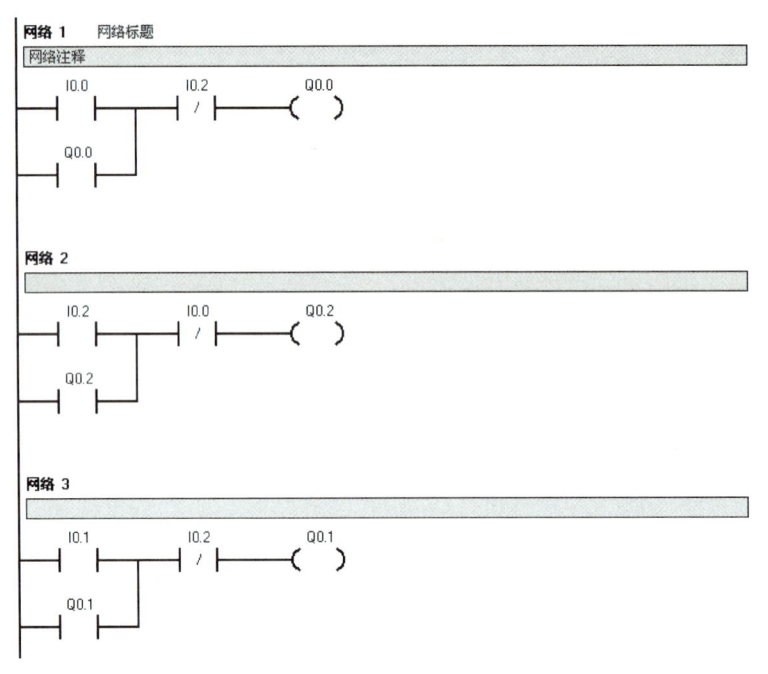

```
网络 1    网络标题
网络注释
    I0.0      I0.2      Q0.0
 ──┤ ├──────┤/├──────(   )──
    Q0.0
 ──┤ ├──

网络 2
    I0.2      I0.0      Q0.2
 ──┤ ├──────┤/├──────(   )──
    Q0.2
 ──┤ ├──

网络 3
    I0.1      I0.2      Q0.1
 ──┤ ├──────┤/├──────(   )──
    Q0.1
 ──┤ ├──
```

图 3.19　PLC 程序（供参考）

表 3－13　慢速换接回路实验器材

实验器材	数量
机电液气综合实验台	1 台
液压泵	1 个
液压缸	1 个
直动式溢流阀	1 个
三位四通电磁换向阀	1 个
二位二通电磁换向阀	1 个
调速阀	2 个
接近开关及其支架	3 套
油管、压力表、三通、四通	若干

3. 实验原理

调速阀串联的慢速换接回路及电气控制原理如图 3.20 所示，系统的速度分别可以由调速阀 1 和调速阀 2 及二位二通电磁换向阀的 3YA 调定。当按下开关 SB1 后，三位四通电磁换向阀的 1YA 得电，此时，因调速阀 1 被二位二通电磁换向阀的 3YA 短接，输入液压缸的流量由调速阀 2 控制。当运行到接近开关 SQ2 位置后，二位二通电磁换向阀的 3YA 得电。由于通过调速阀 1 的流量调得比通过调速阀 2 的流量小，因此输入液压缸的流量由调速阀 1 控制，从而实现慢速与慢速之间的速度换接。

(a) 慢速换接回路　　　　(b) 电气控制原理

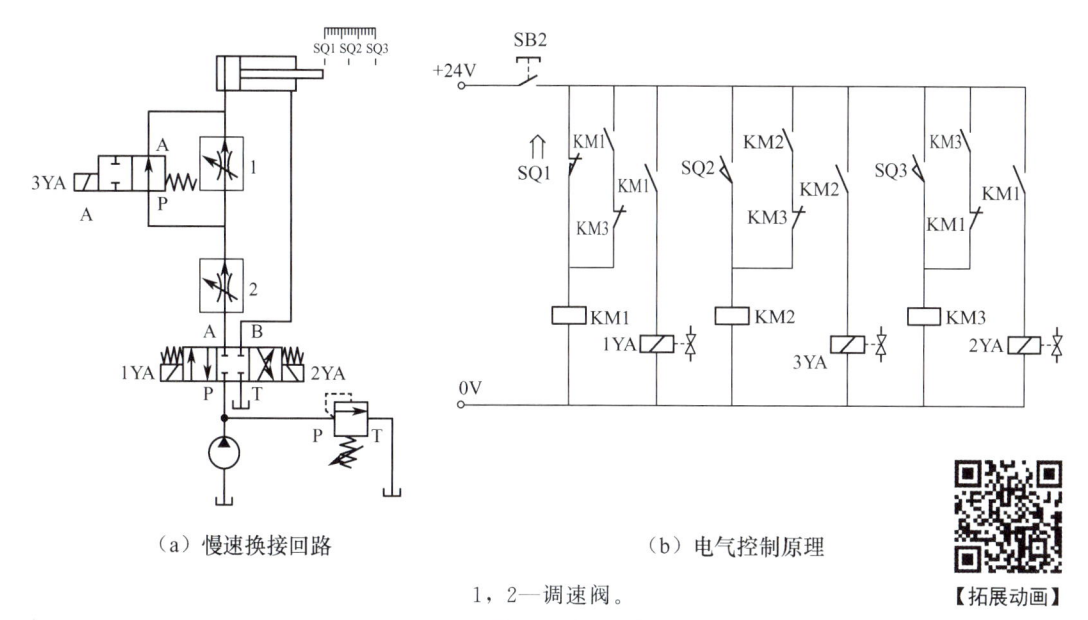

1，2—调速阀。

图 3.20　慢速换接回路及电气控制原理

4．实验步骤

(1) 认真阅读慢速换接回路及电气控制原理图。

(2) 根据慢速换接回路选择恰当的液压元件，并将实物连接起来。

(3) 根据电气控制原理图连接电路。

(4) 在开启液压泵前，先检查搭接的油路和电路是否正确，经确认无误后，方可开始实验。

(5) 启动液压泵前，完全打开溢流阀，调定系统压力为工作压力（压力<6MPa）。

(6) 当接近开关 SQ1 感应到信号时，三位四通电磁换向阀因 1YA 得电换向，液压缸中活塞杆由调速阀 2 控制并慢速伸出。待接近开关 SQ2 感应到信号，二位二通电磁换向阀 3YA 得电换向，液压油经调速阀 1 流出，进一步降低液压缸中活塞杆运行速度，使其慢速运行。

(7) 当接近开关 SQ3 感应到信号时，三位四通电磁换向阀因 2YA 得电换向（1YA 和 3YA 失电），液压缸中活塞杆缩回。待接近开关 SQ1 感应到信号，重复操作步骤（6）。

(8) 实验结束后，打开溢流阀，关闭液压泵。待系统压力为零后，拆卸油管及其他元件，并把它们放回规定的位置。整理好实验台，并保持实验台台面干净整洁。

5．实验注意事项

(1) 检查油路搭接是否正确。

(2) 确认 PLC 输入电源是否有特殊要求。

(3) 检查油管接头是否搭接牢固。搭接后，可以稍微用力拉一下。

(4) 实验开始前，检查电路搭接是否正确。如有错误，修正后再运行，直到错误被排除，再启动液压泵，开始实验。

(5) 慢速换接回路须搭接安全阀（溢流阀）。启动液压泵前，完全打开安全阀；实验完成后，同样应先完全打开安全阀，再关闭液压泵。

6．实验思考

（1）请将上述采用调速阀串联的慢速换接回路改为采用调速阀并联的慢速换接回路，并在实验台上完成验证实验。

（2）对比调速阀串联和并联的慢速换接回路，试分析两种回路各有什么优缺点？

3.3　方向控制基本回路

液压传动系统中，执行元件的启动和停止是通过控制进入执行元件液压油的通断实现的。执行元件运动方向的改变是通过改变进入执行元件液压油的方向实现的。实现上述功能的回路称为方向控制基本回路。

3.3.1　换向回路

1．实验目的

（1）熟悉典型换向阀的工作原理及职能符号。

（2）了解换向阀的工业应用领域。

（3）培养学习液压传动系统的兴趣，以及进行实际工程设计的积极性，为创新设计拓宽知识面，打好知识基础。

（4）以该实验为基础，利用不同类型的换向阀，设计类似的换向回路。

（5）了解接近开关的工作原理和应用领域。

2．实验器材

换向回路实验器材见表 3-14。

表 3-14　换向回路实验器材

实验器材	数量
机电液气综合实验台	1 台
三位四通电磁换向阀	1 个
液压缸	1 个
直动式溢流阀	1 个
油管	若干
接近开关及其支架	若干
压力表	1 个
液压泵	1 个

3. 实验原理

本实验以 O 形的三位四通电磁换向阀为例，实现换向回路的换向功能（图 3.21）。当三位四通电磁换向阀 1YA 得电时，液压缸中活塞杆伸出；当三位四通电磁换向阀 2YA 得电时，液压缸中活塞杆缩回；当三位四通电磁换向阀的 1YA 和 2YA 均断电时，液压缸中活塞杆停止运动。

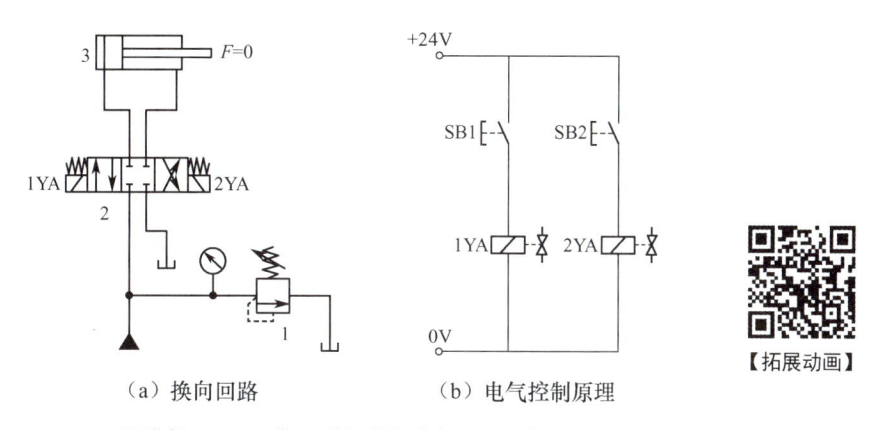

（a）换向回路　　（b）电气控制原理

1—溢流阀；2—三位四通电磁换向阀；3—液压缸。

图 3.21　换向回路及电气控制原理

4. 实验步骤

（1）认真阅读换向回路及电气控制原理图。

（2）根据换向回路，选择液压元件，并且检查液压元件的结构、性能是否满足实验要求。

（3）将检验好的液压元件安装在插件板的适当位置，用气动快换式接头和油管，把各个液压元件（包括压力表）按照回路要求连接起来（并联油路可用多孔油路板）。

（4）确认回路连接正确后，旋松液压泵出口处的溢流阀。

（5）经检查确认无误后，启动液压泵。按要求调整系统压力，使系统工作压力在系统额定压力范围内（压力＜6MPa）。

（6）闭合开关 SB1，三位四通电磁换向阀因 1YA 得电换向，液压缸中活塞杆伸出。

（7）闭合开关 SB2，三位四通电磁换向阀因 2YA 得电换向，液压缸中活塞杆缩回。

（8）实验结束后，应先旋松溢流阀手柄，再关闭液压泵，使其停止工作。

（9）确认回路中压力为零后，取下连接油管和其他液压元件，并将其归类放入规定的位置，保持实验台干净整洁。

5. 实验注意事项

（1）检查油路搭接是否正确。

（2）确认 PLC 输入电源是否有特殊要求。

（3）检查油管接头是否搭接牢固。搭接后，可以稍微用力拉一下。

（4）实验开始前，检查电路搭接是否正确。如有错误，修正后再运行，直到错误被排除，再启动液压泵，开始实验。

（5）换向回路必须搭接安全阀（溢流阀）。启动液压泵前，完全打开安全阀；实验结束后，同样应先完全打开安全阀，再关闭液压泵。

6. 换向回路拓展实验

可以实现换向回路的方式还有很多，除了可采用上述换向阀实现换向，还可采用以下两种方式实现换向。

（1）压力继电器控制的单循环换向回路。

压力继电器控制的单循环换向回路及电气控制原理如图3.22所示。

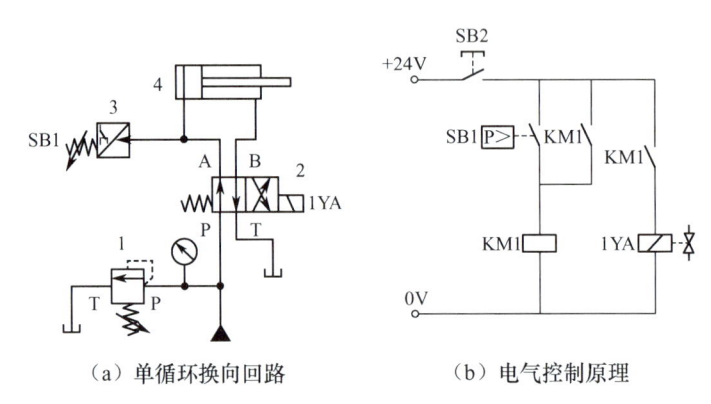

（a）单循环换向回路　　　（b）电气控制原理

1—溢流阀；2—二位四通电磁换向阀；3—压力继电器；4—液压缸。

图3.22　压力继电器控制的单循环换向回路及电气控制原理

（2）接近开关控制的全自动循环换向回路。

接近开关控制的全自动循环换向回路及电气控制原理如图3.23所示。

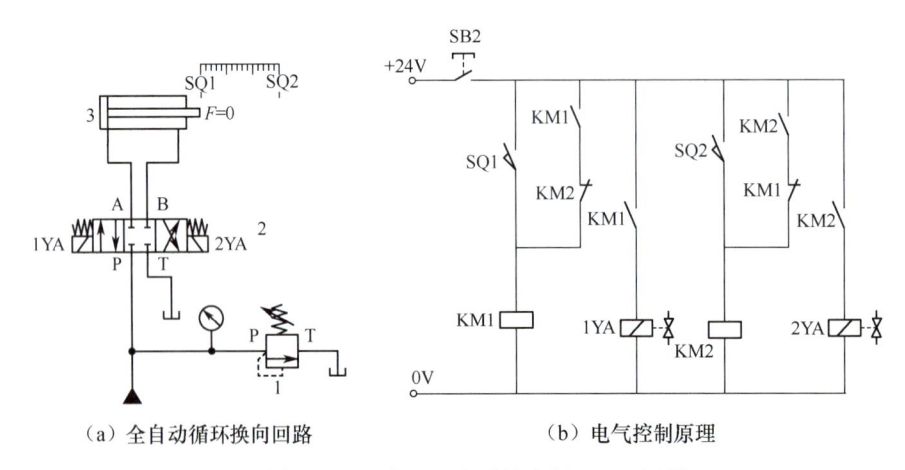

（a）全自动循环换向回路　　　（b）电气控制原理

1—溢流阀；2—三位四通电磁换向阀；3—液压缸。

图3.23　接近开关控制的全自动循环换向回路及电气控制原理

7. 实验思考

（1）简述压力继电器控制的单循环换向回路的工作原理。

（2）试设计一个采用两个压力继电器控制的全自动循环换向回路，给出所设计的液压回路及电气控制原理图。

3.3.2 顺序动作回路

在机床及其他装置中，往往要求几个工作部件按照一定顺序依次动作。例如，组合机床的工作台复位、夹紧，滑台移动等动作，这些动作间有一定的顺序要求：先夹紧，再加工；加工完毕后，应先退出刀具，再放松。又如，磨床砂功能砂轮的切入运动，应在工作台每次换向时周期性地进行，故应采用顺序动作回路，以实现顺序动作。依据控制方式不同，顺序动作回路可分为压力控制式、行程控制式和时间控制式等。

1. 实验目的

（1）了解压力控制阀的特点。
（2）掌握顺序阀的职能符号及应用。
（3）掌握顺序阀和行程开关的工作原理。

2. 实验器材

液压缸顺序动作回路实验器材见表 3-15。

表 3-15 液压缸顺序动作回路实验器材

实验器材	数量
机电液气综合实验台	1 台
三位四通电磁换向阀（O 形）	1 个
顺序阀	2 个
液压缸	2 个
接近开关及其支架	2 套
溢流阀	1 个
液压泵	1 个
油管	若干

3. 实验原理

分别调节两个顺序阀的旋钮进行压力设置，三位四通电磁换向阀 1YA 得电换向，液压缸 4 中活塞杆先伸出，当系统压力达到顺序阀 4 调定压力时，液压缸 5 中活塞杆开始伸出；同理，液压缸中活塞杆缩回也能按照顺序进行动作，从而实现液压缸的顺序动作。液压缸顺序动作回路及电气控制原理如图 3.24 所示。

4. 实验步骤

（1）认真阅读液压缸顺序动作回路及电气控制原理图。
（2）根据液压缸顺序动作回路选择所需的液压元件。检查液压元件的结构、性能是否满足实验要求。

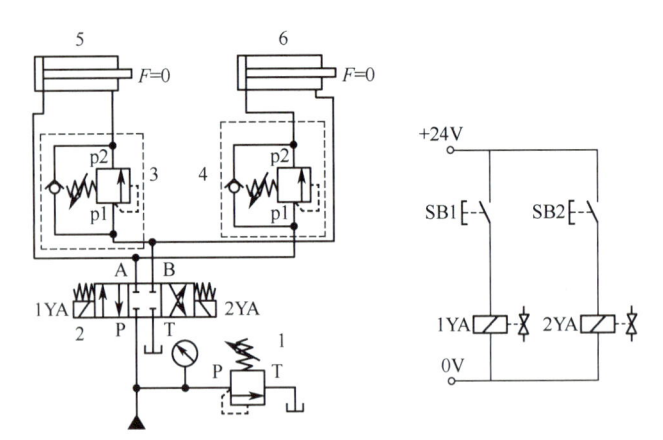

（a）液压缸顺序动作回路　　（b）电气控制原理

1—溢流阀；2—三位四通电磁换向阀；3，4—顺序阀；5，6—液压缸。

图 3.24　液压缸顺序动作回路及电气控制原理

（3）将检查好的液压元件安装在插件板的适当位置。用气动快换式接头和油管，把各个液压元件（包括压力表）按照回路要求连接起来（并联油路可用多孔油路板）。

（4）经检查确认无误后，完全打开溢流阀。系统溢流阀作为安全阀使用，不得随意调整。启动液压泵，按要求调压（压力<6MPa）。

（5）闭合开关 SB1，三位四通电磁换向阀因 1YA 得电换向，液压缸 6 中活塞杆伸出；当顺序阀 3 压力达到设定压力后，液压缸 4 中活塞杆开始伸出。

（6）闭合开关 SB2，三位四通电磁换向阀因 2YA 得电换向，液压缸 4 中活塞杆缩回；当顺序阀 4 压力达到设定压力后，液压缸 6 中活塞杆开始缩回。

（7）观察液压缸中活塞杆的运动状态，以及液压缸中活塞杆的伸出和缩回的先后顺序。

（8）实验结束后，应先旋松溢流阀手柄，再关闭液压泵，使其停止工作。确认回路中压力为零后，取下连接油管和其他液压元件，并将其归类放入规定位置。

5. 实验注意事项

（1）检查油路搭接是否正确。

（2）确认 PLC 输入电源是否有特殊要求。

（3）检查油管接头是否搭接牢固。搭接后，可以稍微用力拉一下。

（4）实验开始前，检查电路搭接是否正确。如有错误，修正后再运行，直到错误被排除，再启动液压泵，开始实验。

（5）顺序动作回路必须搭接安全阀（溢流阀）。启动液压泵前，完全打开安全阀；实验完成后，同样应先完全打开安全阀，再关闭液压泵。

6. 实验拓展

试在实验台上开展图 3.25 所示的行程开关控制的顺序动作回路实验，并将其与采用顺序阀控制的顺序动作回路进行对比分析，指出各自的优缺点。

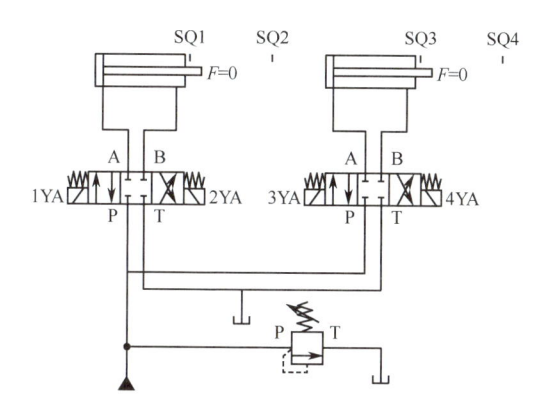

(a) 行程开关控制的顺序动作回路

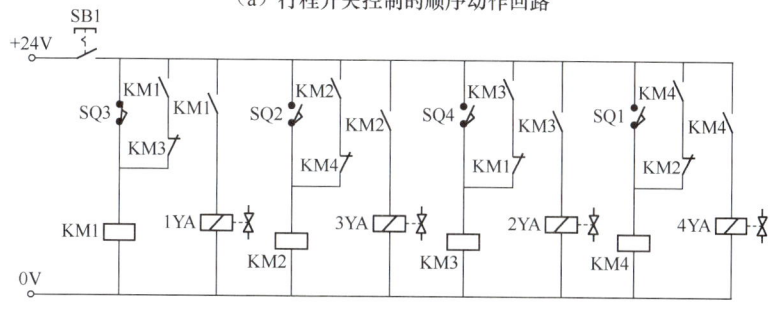

(b) 电气控制原理

图 3.25　行程开关控制的顺序动作回路及电气控制原理

行程开关又称限位开关。在实际生产中，将行程开关安装在预先设定的位置。当装于运动元件上的挡块撞击行程开关时，行程开关的触点动作，实现电路切换。行程开关是一种根据运动元件的行程位置切换电路的液压元件，可用于控制机械设备的行程及起限位保护作用，广泛应用于各类机床和起重机械中。

3.3.3　液压缸并联同步回路

1. 实验目的

(1) 了解液压缸并联同步回路的工作原理。
(2) 加深对液压缸并联同步回路中液压元件的认识。
(3) 熟悉液压缸并联同步回路的应用。

2. 实验器材

液压缸并联同步回路实验器材见表 3-16。

表 3-16　液压缸并联同步回路实验器材

实验器材	数量
机电液气综合实验台	1 台
液压泵	1 个

续表

实验器材	数量
直动式溢流阀	1个
二位四通电磁换向阀	1个
节流阀	2个
液压缸	2个
油管、压力表、四通	若干

3. 实验原理

调节两个节流阀到相同开度，启动液压泵，两个液压缸活塞杆同步伸出；当二位四通电磁换向阀得电换向时，两个液压缸活塞杆同步缩回。节流阀起节流作用，控制液压油流量。液压缸并联同步回路及电气控制原理如图3.26所示。

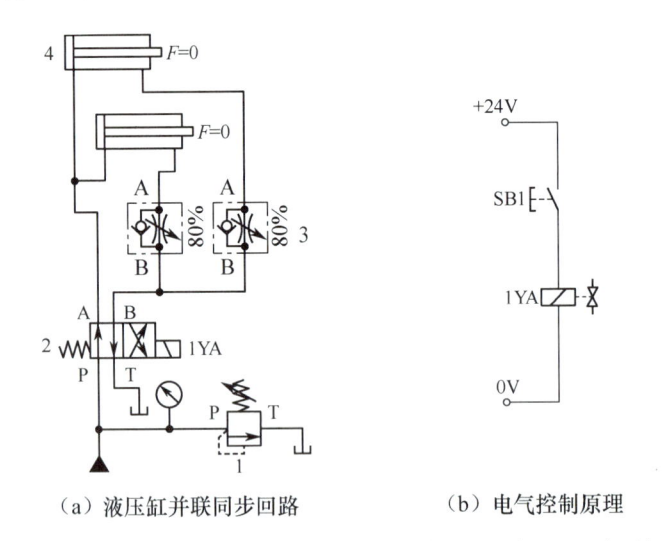

（a）液压缸并联同步回路　　　（b）电气控制原理

1—溢流阀；2—二位四通电磁换向阀；3—单向节流阀；4—液压缸。

图3.26　液压缸并联同步回路及电气控制原理

4. 实验步骤

（1）看懂液压缸并联同步回路图，按图连接好液压缸并联同步回路。

（2）检查电路和油路搭接是否正确，经过测试电路和油路正常后，方可进行实验。

（3）确认电路和油路搭接无误后，完全打开溢流阀，打开总电源，开启液压泵。

（4）调节溢流阀1，当系统压力达到一定值（压力<6MPa）时，液压缸4的无杆腔开始进油，活塞杆向右运行，两个液压缸活塞杆的运动基本实现同步（误差在2%~5%）。

（5）闭合开关SB1，二位四通电磁换向阀的1YA得电后，两个液压缸的有杆腔开始进油，活塞杆向右运行。

（6）由于两腔作用力的有效面积不一样，因此在系统压力不变的情况下，活塞杆伸出速度比缩回速度快。如果两个液压缸活塞杆的同步误差比较大，可通过调节节流阀3，调节液压油的回油流量，以减少误差。

（7）实验结束后，清理机电液气综合实验台，将各液压元件放回规定位置。

5．实验注意事项

（1）检查油路搭接是否正确。

（2）确认 PLC 输入电源是否有特殊要求。

（3）检查油管接头是否搭接牢固。搭接后，可以稍微用力拉一下。

（4）实验开始前，检查电路搭接是否正确。如有错误，修正后再运行，直到错误被排除，再启动液压泵，开始实验。

（5）液压缸并联同步回路必须搭接安全阀（溢流阀）。启动液压泵前，完全打开安全阀；实验结束后，同样应先完全打开安全阀，再关闭液压泵。

3.3.4　液压锁紧回路

1．实验目的

（1）了解液压锁紧回路在工业中的作用，并举例说明。

（2）掌握典型的液压锁紧回路及应用。

（3）掌握液控单向阀的工作原理、职能符号及应用。

（4）掌握 PLC 的使用方法和应用。

（5）了解接近开关的工作原理和使用方法。

2．实验器材

液压锁紧回路实验器材见表 3-17。

表 3-17　液压锁紧回路实验器材

实验器材	数量
机电液气综合实验台	1 台
液压泵	1 个
三位四通电磁换向阀	1 个
液控单向阀	2 个
液压缸	1 个
直动式溢流阀	1 个
接近开关及其支架	2 套
压力表	1 个
油管、导线	若干

3．实验原理

本实验以液控单向阀为例进行回路设计。当三位四通电磁换向阀处于中位时，液控单向阀双向锁紧，液压缸保持在原来的工作状态。

液压锁紧回路及电气控制原理如图 3.27 所示。

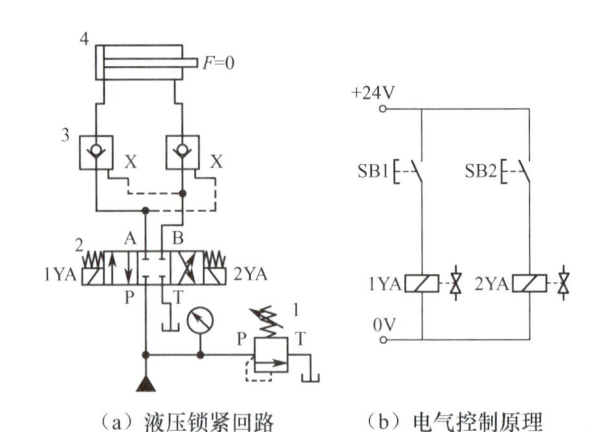

【拓展动画】

（a）液压锁紧回路　　（b）电气控制原理

1—溢流阀；2—三位四通电磁换向阀；3—液控单向阀；4—液压缸。

图 3.27　液压锁紧回路及电气控制原理

4. 实验步骤

（1）认真阅读液压锁紧回路及电气控制原理图。

（2）根据液压锁紧回路，选择恰当的液压元件，并把实物连接起来。

（3）根据电气控制原理图连接电路。根据前面对 PLC 模块的介绍，连接 PLC 电磁铁，输入 PLC 程序，试着编写其他控制程序。

（4）当完成准备工作，且回路搭接正确时，完全打开溢流阀，启动液压泵。调节溢流阀，使系统压力达到一定值（压力＜6MPa）。

（5）闭合开关 SB1，三位四通电磁换向阀换向，液压缸活塞杆伸出。

（6）闭合开关 SB2，三位四通电磁换向阀换向，液压缸活塞杆缩回。按下停止按钮，液压缸保持原有状态。液控单向阀相互锁紧，液压缸保持在工作位置。

（7）实验结束后，三位四通电磁换向阀卸荷，打开溢流阀，关闭液压泵。待系统压力为零后，拆卸油管及其他液压元件，并把它们放回规定位置，整理好实验台。

5. 实验注意事项

（1）检查油路搭接是否正确。

（2）确认 PLC 输入电源是否有特殊要求。

（3）检查油管接头是否搭接牢固。搭接后，可以稍微用力拉一下。

（4）实验开始前，检查电路搭接是否正确。如有错误，修正后再运行，直到错误被排除，再启动液压泵，开始实验。

（5）液压锁紧回路必须搭接安全阀（溢流阀）。启动液压泵前，完全打开安全阀，实验完成后，同样应先完全打开安全阀，再关闭液压泵。

6. 实验拓展

试采用不同的控制方式切换换向阀工作位置。接近开关控制的液压回路及电气控制原理如图 3.28 所示。

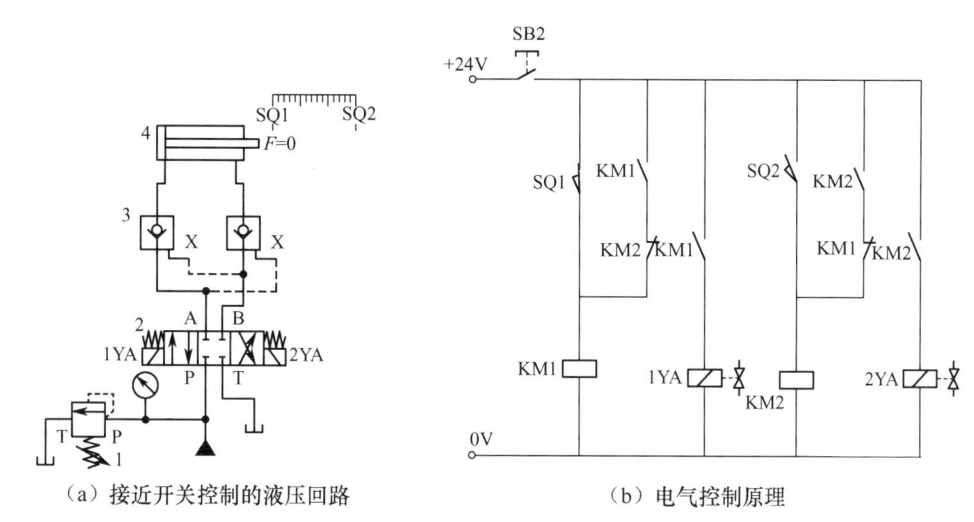

（a）接近开关控制的液压回路 （b）电气控制原理

1—直动式溢流阀；2—三位四通电磁换向阀；
3—液控单向阀；4—液压缸。

图 3.28　接近开关控制的液压回路及电气控制原理

习　题

1. 在液压回路设计实验中，当液压缸活塞杆停止运动后，为什么要让液压泵卸荷？这样做有什么好处？举例说明几种常用的液压泵卸荷方法。

2. 在液压传动系统中为什么往往要设置背压回路？背压回路与平衡回路有什么区别？

3. 如果一个液压传动系统要同时控制几个执行元件按规定的顺序动作，应采用哪种液压回路？试举例说明。

4. 在液压传动系统中经常会设置快速运动回路，这是为什么？实现快速运动的方法有哪些？

5. 在图 3.29 所示的闭锁回路中，为什么采用 O 形中位机能的三位四通电磁换向阀？如果换成 M 形中位机能的三位四通电磁换向阀，会出现什么情况？

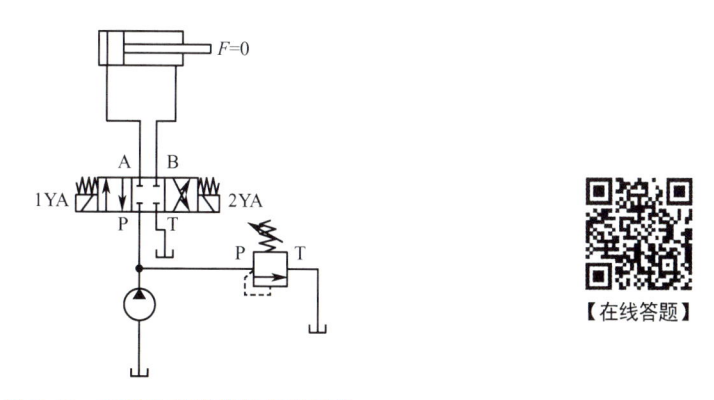

图 3.29　O 形中位机能的闭锁回路

【在线答题】

第4章 气动基本回路实验

本章教学要点

知识要点	掌握程度	相关知识
气动方向控制回路	了解气动方向控制回路的类型； 理解各气动方向控制回路的工作原理； 熟悉各气动方向控制回路的实现方式及特点	单作用气缸换向回路、双作用气缸换向回路、单缸全自动循环往复控制回路
气动速度控制回路	了解气动速度控制回路的类型； 理解各气动速度控制回路的工作原理； 熟悉各气动速度控制回路的实现方式及特点	单作用气缸单向调速回路、单作用气缸双向调速回路、双作用气缸进口调速回路、双作用气缸出口调速回路、速度换接回路、缓冲回路
气动压力控制回路	了解气动压力控制回路的类型； 理解各气动压力控制回路的工作原理； 熟悉各气动压力控制回路的实现方式及特点	二次压力控制回路、高低压转换回路
其他气动控制回路	了解其他气动控制回路的工作原理； 熟悉其他气动控制回路的实现方式及特点	双缸顺序动作回路、三缸联动回路、逻辑阀的运用回路、互锁回路、计数回路、双手操作回路

气动基本回路实验 第4章

课程导入

气压传动是以压缩空气为工作介质传递动力和控制信号的。由于气压传动具有许多其他传动和控制方法所不具有的优点,已经形成一种独立的传动和控制技术,因此被广泛地应用于科学研究和现代化生产的各个领域。学习气压传动技术,不仅应学习它的理论内容,而且必须学会如何将理论应用于实践,用实践检验理论,并促进理论发展。气压传动技术是一种科学现代化的强有力工具,要想正确地选择和运用气压传动技术,就必须努力进行实践。综合性教育和素质教育要求把理论学习与实验环节紧密结合起来,只有这样才能完成一个完整的学习过程。因此,要求学生积极参与实验课和实验研究,自主地培养自身实践能力,通过实验课真正掌握寓于实践中的理论知识。

4.1 气动基本回路实验概述

复杂的气压传动系统一般是由一些简单的气动基本回路组成的。气动基本回路是由一定的气动元件和管路组合起来,用以实现某些功能的基本气路结构。虽然气动基本回路相同,但是由于回路组合方式不同,所得到的气压传动系统功能各有不同。故熟悉和掌握各种气动基本回路的结构组成、工作原理和性能特点,有助于正确分析和设计气压传动系统,并提高解决气压传动系统中出现问题的能力。

1. 实验目的

(1) 认识气动基本回路及典型气压传动系统的组合形式和基本结构。
(2) 熟悉气源装置及三联件的工作原理和主要作用。
(3) 了解常用气动元件的结构及性能,掌握单向节流阀的结构及工作原理。
(4) 培养设计、安装、连接和调试气动基本回路的实践能力。

2. 实验器材

机电液气综合实验台1台及各种气动元件若干。

3. 实验内容

气动基本回路是气压传动系统的基本组成部分。根据在系统中的作用,气动基本回路可以分为气动方向控制回路、气动速度控制回路、气动压力控制回路、多缸气动控制回路、逻辑气动控制回路和其他气动控制回路等。本章内容主要是根据以上类型中典型的气动基本回路设计的,在实验台上完成回路搭接和运行,以及工作原理分析等。

4.2 气动方向控制回路

4.2.1 单作用气缸换向回路

1. 实验原理图

单作用气缸换向回路如图 4.1 所示。

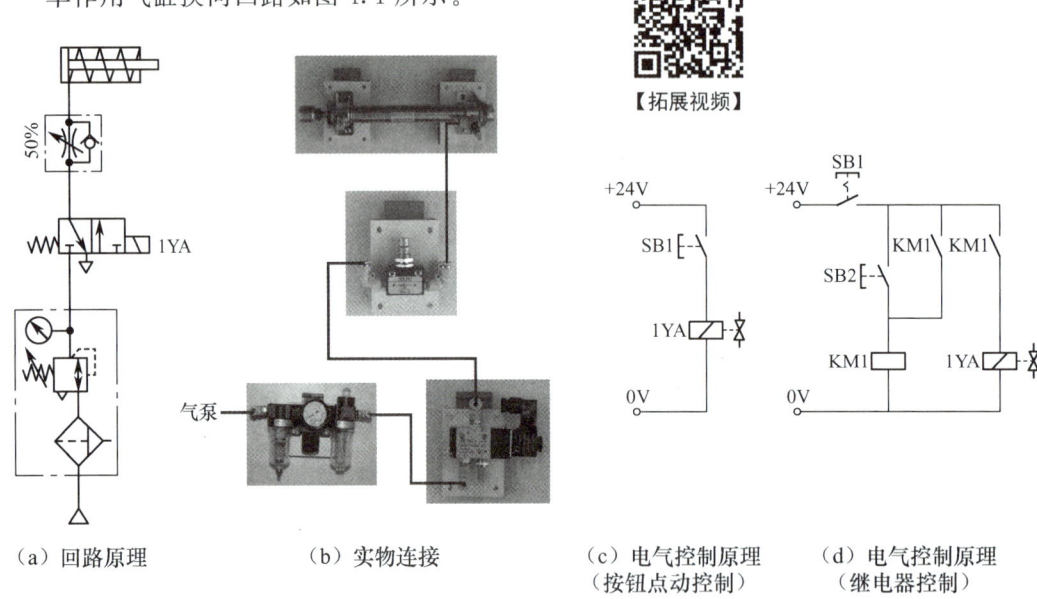

（a）回路原理　　（b）实物连接　　（c）电气控制原理（按钮点动控制）　　（d）电气控制原理（继电器控制）

图 4.1　单作用气缸换向回路

2. 实验步骤

（1）依据实验需要选择气动元件，包括弹簧复位单作用气缸、单向节流阀、二位三通单电磁换向阀、三联件、连接软管等，检验气动元件的使用性能是否正常。

（2）在看懂实验原理图的情况下，按照实验原理图搭接实验回路。

（3）将二位三通单电磁换向阀的电源输入口插入相应的电气控制面板输出口。

（4）确认回路搭接正确后，旋松三联件的调压旋钮，通电，开启气泵。待气泵正常工作，再次调节三联件的调压旋钮，使回路中的压力在系统工作压力范围内。

（5）当二位三通单电磁换向阀通电时，该换向阀右位接入，单作用气缸左腔进气，单作用气缸活塞杆伸出；当二位三通单电磁换向阀失电时，单作用气缸靠弹簧的弹力回位。在单作用气缸活塞杆伸缩过程中，通过调节回路中的单向节流阀，控制单作用气缸活塞杆动作的快慢。

（6）实验结束后，关闭气泵，切断电源。待回路压力为零时，拆卸回路，清理气动元件并将其放回规定位置。

3. 实验思考

（1）若把图 4.1 所示的单作用气缸换向回路中的单向节流阀拆掉，用连接软管直接连接后重做一次实验，试分析说明该回路中单作用气缸的活塞杆运动是否平稳，冲击效果是否明显？回路中单向节流阀的作用是什么？

（2）若用三位五通双电磁换向阀代替单作用气缸换向回路中的二位三通单电磁换向阀，请通过实验验证该回路是否能实现对单作用气缸中活塞杆的定位？想一想该现象主要是利用了三位五通双电磁换向阀的什么机能？

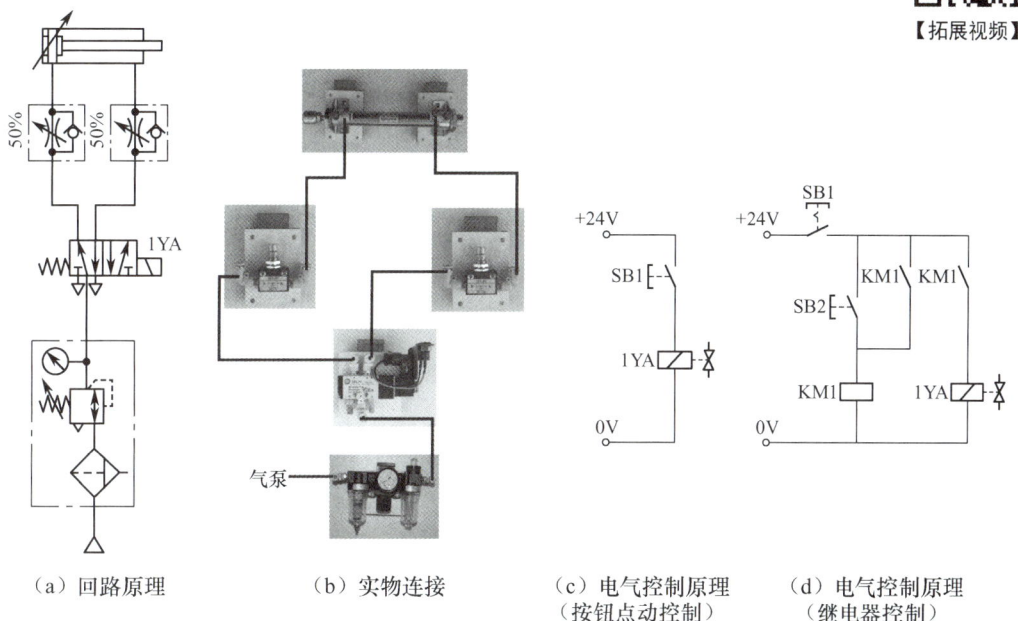

4.2.2 双作用气缸换向回路

1. 实验原理图

双作用气缸换向回路如图 4.2 所示。

【拓展视频】

（a）回路原理　　（b）实物连接　　（c）电气控制原理（按钮点动控制）　　（d）电气控制原理（继电器控制）

图 4.2　双作用气缸换向回路

2. 实验步骤

（1）依照实验需要选择气动元件，包括单杆双作用气缸、两个单向节流阀、二位五通单电磁换向阀、三联件、连接软管等，并检验气动元件的使用性能是否正常。

（2）在看懂实验原理图的情况下，搭接实验回路。

（3）将二位五通单电磁换向阀的电源输入口插入相应的电气控制面板输出口。

（4）确认回路搭接正确后，旋松三联件的调压旋钮，通电，开启气泵。待气泵正常工作，再次调节三联件的调压旋钮，使回路中的压力在系统工作压力范围内。

（5）当二位五通单电磁换向阀处于图 4.2（a）所示的工作位置时，压缩空气从气泵出来后，先经过二位五通单电磁换向阀，再经过单向节流阀，到达单杆双作用气缸左腔，推动单杆双作用气缸活塞杆向右运动；当二位五通单电磁换向阀右位接入时，压缩空气经二位五通单电磁换向阀的右位进入单杆双作用气缸右腔，推动单杆双作用气缸活塞杆向左运动。

（6）实验结束后，关闭气泵，切断电源。待回路压力为零时，拆卸回路，清理气动元件并将其放回规定位置。

3. 实验思考

（1）若把图 4.2 所示的双作用气缸换向回路中的两个单向节流阀拆掉，用连接软管直接连接后重做一次实验，试分析说明该回路中单杆双作用气缸活塞杆运动是否平稳，冲击效果是否明显？回路中用单向节流阀的作用是什么？

（2）若用三位五通双电磁换向阀代替双作用气缸换向回路中的二位五通单电磁换向阀，请通过实验验证该回路是否能实现对单杆双作用气缸中活塞杆的定位？想一想该现象主要是利用了三位五通双电磁阀的什么机能？

（3）用双杆双作用气缸代替单杆双作用气缸进行实验，试分析该实验的效果与采用单杆双作用气缸时有何不同？

4.2.3 单缸全自动循环往复控制回路

1. 实验原理图

单缸全自动循环往复控制回路如图 4.3 所示。

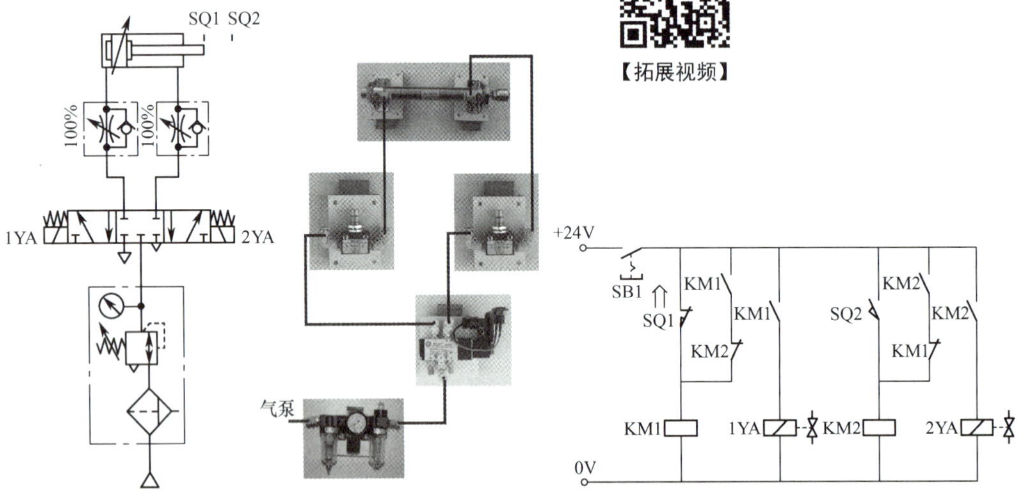

（a）回路原理　　（b）实物连接　　（c）电气控制原理

图 4.3　单缸全自动循环往复控制回路

2. 实验步骤

（1）根据实验需要选择气动元件，包括单杆双作用气缸、单向节流阀、接近开关、三位五通双电磁换向阀、三联件、连接软管，检验气动元件的使用性能是否正常。

（2）在看懂实验原理图的情况下，搭接实验回路。

(3) 将三位五通双电磁换向阀和接近开关的电源输入口插入相应的电气控制面板输出口。

(4) 确认回路搭接正确后，旋松三联件的调压旋钮，通电，开启气泵。待气泵正常工作，再次调节三联件的调压旋钮，使回路中的压力在系统工作压力范围内。

(5) 当按下开关 SB1 后，在图 4.3（a）所示状态下，电磁铁 1YA 得电，三位五通双电磁换向阀左位接入，压缩空气经过三位五通双电磁换向阀的左位和单向节流阀进入单杆双作用气缸的左腔，推动活塞杆向右运行；当活塞杆靠近接近开关 SQ2 时，电磁铁 2YA 得电，三位五通双电磁换向阀右位接入，压缩空气经过三位五通双电磁换向阀的右位和单向节流阀进入单杆双作用气缸的右腔，推动活塞杆向左运动；当活塞杆靠近左边接近开关 SQ1 时，三位五通双电磁换向阀换位，压缩空气进入单杆双作用气缸的左腔，推动活塞杆向右运动，从而实现全自动循环往复运动。

(6) 实验结束后，关闭气泵，切断电源。待回路压力为零时，拆卸回路，清理气动元件并将其放回规定的位置。

3. 实验思考

试将该单缸全自动循环往复控制回路改为单循环往复回路，画出单循环往复回路的实验原理图并解释其工作原理。

4.3 气动速度控制回路

4.3.1 单作用气缸单向调速回路

1. 实验原理图

单作用气缸单向调速回路如图 4.4 所示。

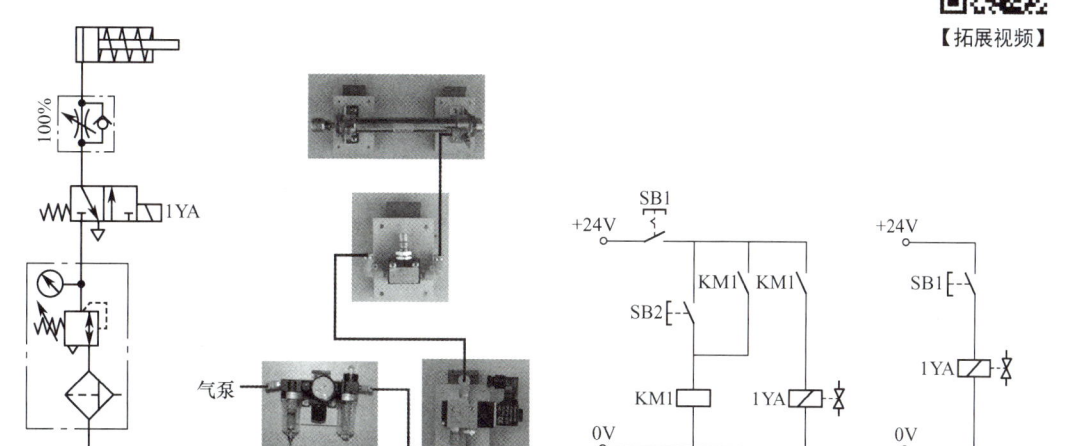

图 4.4 单作用气缸单向调速回路

（a）回路原理　（b）实物连接　（c）电气控制原理（继电器控制）　（d）电气控制原理（按钮点动控制）

2. 实验步骤

(1) 根据实验需求选择气动元件，包括弹簧复位单作用气缸、单向节流阀、二位三通单电磁阀换向阀、三联件、连接软管，检验气动元件的使用性能是否正常。

(2) 在看懂实验原理图的情况下，搭接实验回路。

(3) 将二位三通单电磁换向阀的电源输入口插入相应的电气控制面板输出口。

(4) 确认回路搭接正确后，旋松三联件的调压旋钮，通电，开启气泵。待气泵正常工作，再次调节三联件的调压旋钮，使回路中的压力在系统工作压力范围内。

(5) 当二位三通单电磁换向阀得电时，其右位接入，压缩空气经过三联件和二位三通单电磁换向阀的右位，再经过回路中的单向节流阀，进入弹簧复位单作用气缸的左腔，推动活塞杆向右运动；二位三通单电磁换向阀失电后，活塞杆在弹簧的作用下回位。

(6) 在实验过程中，调节回路中单向节流阀，控制活塞杆的运动速度。

(7) 实验结束后，关闭气泵，切断电源。待回路压力为零时，拆卸回路，清理气动元件并将其放回规定位置。

3. 实验思考

在单作用气缸单向调速回路中，若想要弹簧复位单作用气缸中活塞杆快速回位，可以怎样实现？试通过实验进行验证。

4.3.2 单作用气缸双向调速回路

1. 实验原理图

单作用气缸双向调速回路如图 4.5 所示。

（a）回路原理　　（b）实物连接

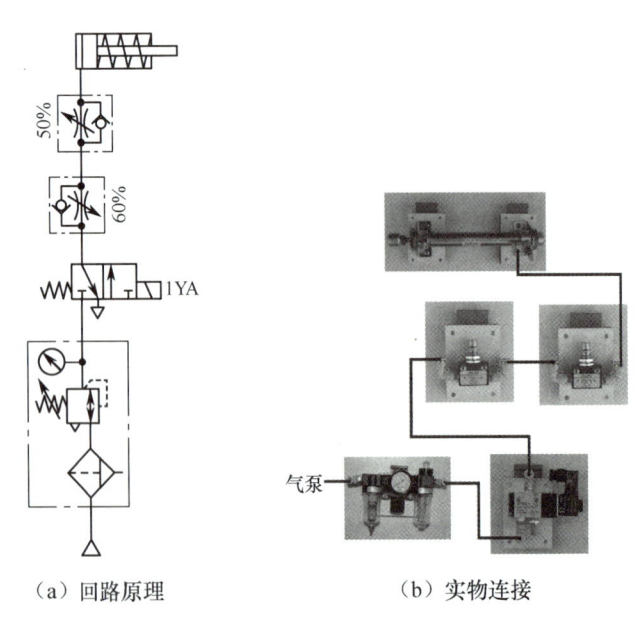

图 4.5 单作用气缸双向调速回路

2. 实验步骤

（1）根据实验需求选择气动元件，包括弹簧复位单作用气缸、单向节流阀、二位三通单电磁换向阀、三联件、连接软管，检验气动元件的使用性能是否正常。

（2）在看懂实验原理图的情况下，搭接实验回路。

（3）将二位三通单电磁换向阀的电源输入口插入相应的电气控制面板输出口。

（4）确认回路搭接正确后，旋松三联件的调压旋钮，通电，开启气泵。待气泵正常工作，再次调节三联件的调压旋钮，使回路中的压力在系统工作压力范围内。

（5）当二位三通单电磁换向阀得电时，其右位接入，压缩空气经过三联件，通过二位三通单电磁换向阀的右位，再经过两个单向节流阀，进入弹簧复位单作用气缸的无杆腔，推动活塞杆向右运动。在此过程中调节接近弹簧复位单作用气缸的单向节流阀，可以控制活塞杆的运动速度。

（6）当二位三通单电磁换向阀失电时，该换向阀回到左位状态。弹簧复位单作用气缸中的活塞杆在弹簧的作用下向左运动，左腔的压缩空气经单向节流阀到二位三通单电磁换向阀，最后被排到大气中。在此过程中，调节接近二位三通单电磁换向阀的单向节流阀，可以控制弹簧复位单作用气缸活塞杆向左运动的速度。

（7）实验结束后，关闭气泵，切断电源。待回路压力为零时，拆卸回路，清理气动元件并将其放回规定位置。

3. 实验思考

除利用弹簧复位单作用气缸来实现双向调速外，还有什么方法可以达到双向调速的目的？可以怎样实现？试通过实验进行验证说明。

4.3.3 双作用气缸进口调速回路

1. 实验原理图

双作用气缸进口调速回路如图4.6所示。

2. 实验步骤

（1）根据实验需求选择气动元件，包括单杆双作用气缸、两个单向节流阀、二位五通双电磁换向阀、三联件、连接软管，检验气动元件的使用性能是否正常。

（2）在看懂实验原理图的情况下，搭接实验回路。

（3）将二位五通双电磁换向阀的电源输入口插入相应的电气控制面板输出口。

（4）确认回路搭接正确后，旋松三联件的调压旋钮，通电，开启气泵。待气泵正常工作，再次调节三联件的调压旋钮，使回路中的压力在系统工作压力范围内。

（5）当二位五通双电磁换向阀1YA得电后，如图4.6（a）所示，压缩空气通过三联件，经过二位五通双电磁换向阀左位，再通过单向节流阀进入单杆双作用气缸的左腔，推动活塞杆向右运动。在此过程中，调节左边的单向节流阀的开度，就能调节活塞杆的运动速度，实现进口调速功能。

（6）当二位五通双电磁换向阀2YA得电时，压缩空气经过该电磁阀的右位，再经过

（a）回路原理　　　　　　　　　（b）实物连接

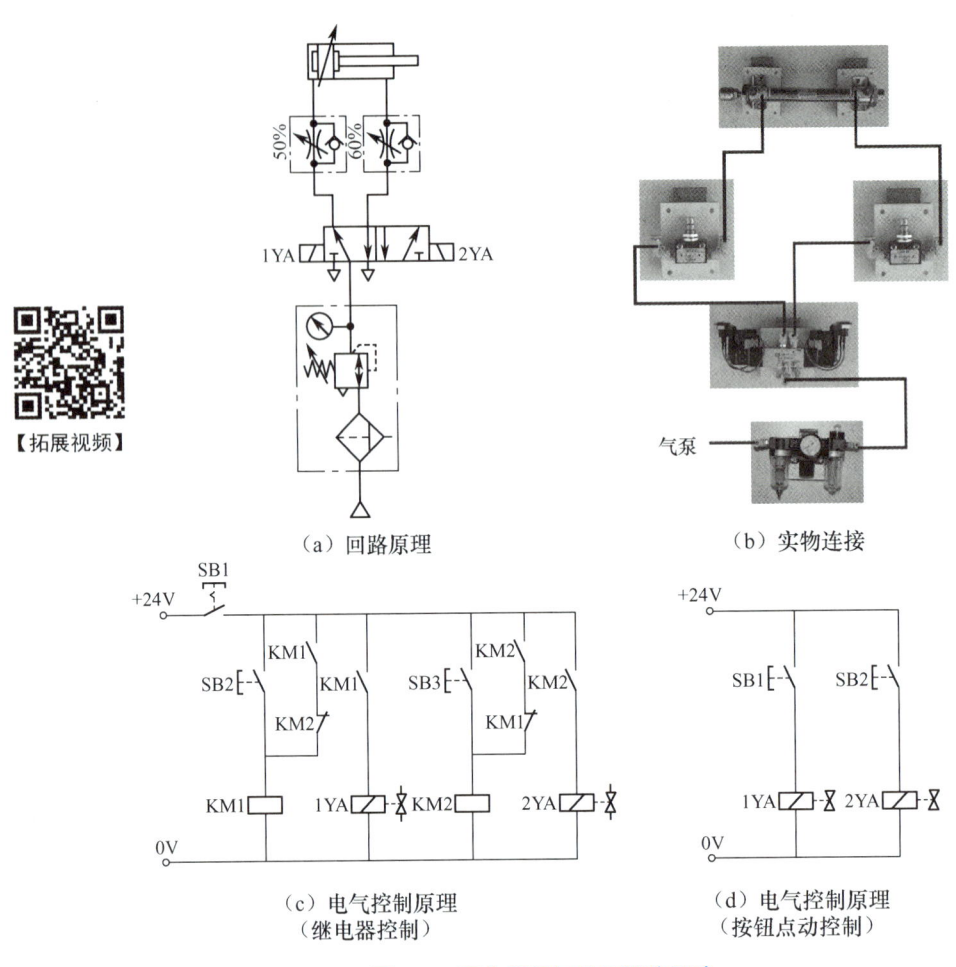

（c）电气控制原理　　　　　　　（d）电气控制原理
（继电器控制）　　　　　　　　（按钮点动控制）

图 4.6　双作用气缸进口调速回路

右边的单向节流阀进入单杆双作用气缸的右腔，推动活塞杆向左运动。在此过程中，调节左边的单向节流阀不再起作用，只有调节右边的单向节流阀才能控制活塞杆的运动速度。

（7）实验结束后，关闭气泵，切断电源。待回路压力为零时，拆卸回路，清理气动元件并将其放回规定位置。

3. 实验思考

（1）请换用其他的换向阀做实验看看，顺便了解其他换向阀的工作机能。

（2）想一想，在双作用气缸进口调速回路中，如果不采用单向节流阀，而采用其他节流阀行不行？

4.3.4　双作用气缸出口调速回路

1. 实验原理图

双作用气缸出口调速回路如图 4.7 所示。

(a) 回路原理　　　　　　(b) 实物连接

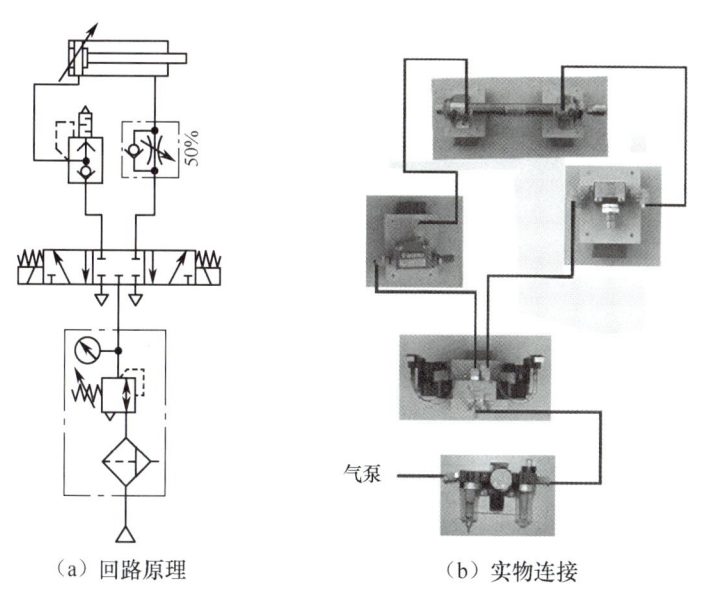

图 4.7　双作用气缸出口调速回路

2. 实验步骤

（1）根据实验需求选择气动元件，包括单杆双作用气缸、单向节流阀、快速排气阀、三位五通双电磁换向阀、三联件、连接软管，检验气动元件的使用性能是否正常。

（2）在看懂实验原理图的情况下，搭接实验回路。

（3）将三位五通双电磁换向阀的电源输入口插入相应的电气控制面板输出口。

（4）确认回路搭接正确后，旋松三联件的调压旋钮，通电，开启气泵。待气泵正常工作，再次调节三联件的调压旋钮，使回路中的压力在系统工作压力范围内。

（5）当三位五通双电磁换向阀处于图 4.7（a）所示位置时，压缩空气是无法进入单杆双作用气缸的；当三位五通双电磁换向阀左位得电时，压缩空气经三联件、三位五通双电磁换向阀的左位、快速排气阀，进入单杆双作用气缸的左腔，推动活塞杆向右运动。此时，调节出口处的单向节流阀，就能改变活塞杆的运动速度。

（6）当三位五通双电磁换向阀的右位得电时，压缩空气进入单杆双作用气缸的右腔，推动活塞杆向左运动。由于单杆双作用气缸的左边接了一个快速排气阀，因此活塞杆可以迅速复位。

（7）实验结束后，关闭气泵，切断电源。待回路压力为零时，拆卸回路，清理气动元件并将其放回规定位置。

3. 实验思考

该如何在活塞杆回位时控制速度？试通过实验加以验证。

4.3.5　速度换接回路

1. 实验原理图

速度换接回路如图 4.8 所示。

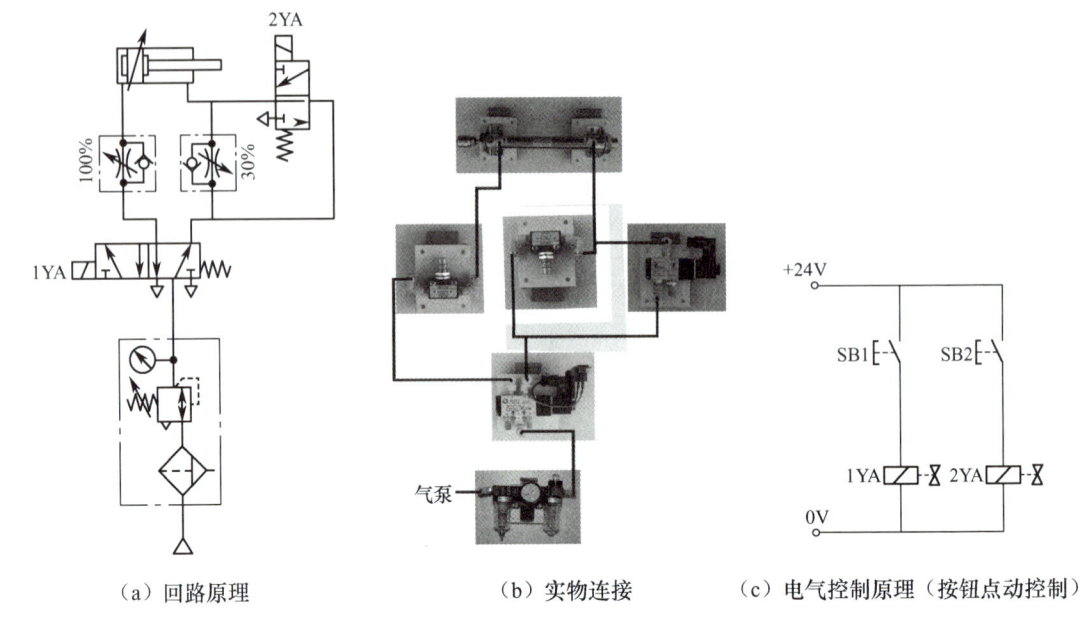

(a) 回路原理　　　　　　(b) 实物连接　　　　　(c) 电气控制原理（按钮点动控制）

图 4.8　速度换接回路

2. 实验步骤

（1）根据实验需求选择气动元件，包括单杆双作用气缸、单向节流阀、二位三通单电磁换向阀、二位五通单电磁换向阀、三联件、连接软管，检验气动元件的使用性能是否正常。

（2）在看懂实验原理图的情况下，搭接实验回路。

（3）将二位五通单电磁换向阀和二位三通单电磁换向阀的电源输入口插入相应的电气控制面板输出口。

（4）确认回路搭接正确后，旋松三联件的调压旋钮，通电，开启气泵。待气泵正常工作，再次调节三联件的调压旋钮，使回路中的压力在系统工作压力范围内。

（5）当按下开关 SB1，二位五通单电磁换向阀 1YA 得电，压缩空气经三联件、二位五通单电磁换向阀的左位、单向节流阀，进入单杆双作用气缸的左腔，推动活塞杆向右运动，此时单杆双作用气缸右腔中的压缩空气，经过二位三通单电磁换向阀，再经过二位五通单电磁换向阀被排出。

（6）当活塞杆伸出一定长度时，按下开关 SB2，二位三通单电磁换向阀 2YA 得电换向，单杆双作用气缸右腔的压缩空气只能从单向节流阀排出。此时只要调节单向节流阀，就能控制活塞杆的运动速度，从而实现从快速运动到慢速运动的换接。

（7）当二位五通单电磁换向阀右位接入时，活塞杆可以快速复位。

（8）实验结束后，关闭气泵，切断电源。待回路压力为零时，拆卸回路，清理气动元件并将其放回规定位置。

3. 实验思考

是否可以用其他方法来实现速度换接？试通过实验加以验证，并想一想这样的功能有何作用？

4.3.6 缓冲回路

1. 实验原理图

缓冲回路如图 4.9 所示。

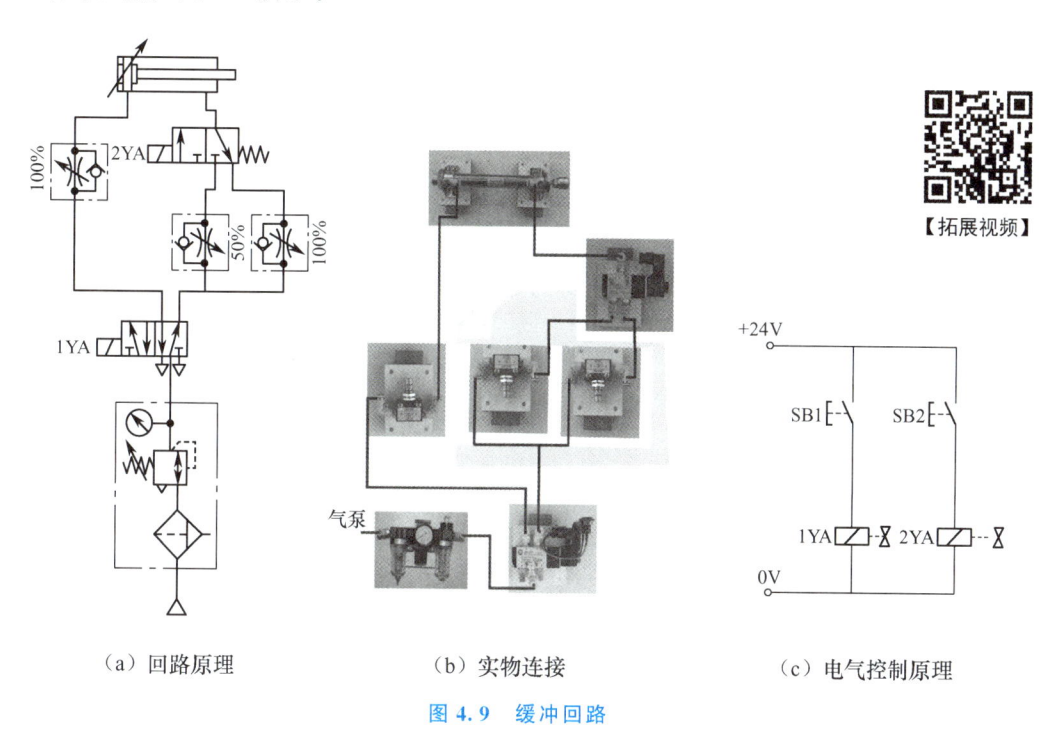

（a）回路原理　　　　　（b）实物连接　　　　　（c）电气控制原理

图 4.9　缓冲回路

2. 实验步骤

（1）根据实验需求选择气动元件，包括单杆双作用气缸、两个单向节流阀、二位五通单电磁换向阀、二位三通单电磁换向阀（常闭）、三联件、机械阀、连接软管，检验气动元件的使用性能是否正常。

（2）在看懂实验原理图的情况下，搭接实验回路。

（3）将二位五通单电磁换向阀和二位三通单电磁换向阀的电源输入口插入相应的电气控制面板输出口。

（4）确认回路搭接正确后，旋松三联件的调压旋钮，通电，开启气泵。待气泵正常工作，再次调节三联件的调压旋钮，使回路中的压力在系统工作压力范围内。

（5）接通开关 SB1，二位五通单电磁换向阀得电，压缩空气经三联件、二位五通单电磁换向阀的左位、单向节流阀，进入单杆双作用气缸的左腔，推动活塞杆快速向右运动。当活塞杆伸出一定长度时，接通开关 SB2，二位三通单电磁换向阀得电，单杆双作用气缸由高速运动状态转变为低速缓冲状态。两个单向节流阀应分别调定为不同的开度，以控制单杆双作用气缸高速运动或低速缓冲。

（6）实验结束后，关闭气泵，切断电源。待回路压力为零时，拆卸回路，清理元件并将其放回规定位置。

3. 实验思考

如果不在回路中加单向节流阀，系统是否安全？单向节流阀在此实验回路中的作用是什么？

4.4 气动压力控制回路

4.4.1 二次压力控制回路

1. 实验原理图

二次压力控制回路如图4.10所示。

(a) 回路原理　　　　(b) 实物连接　　　　(c) 电气控制原理　　(d) 电气控制原理
　　　　　　　　　　　　　　　　　　　　　（继电器控制）　　　（按钮点动控制）

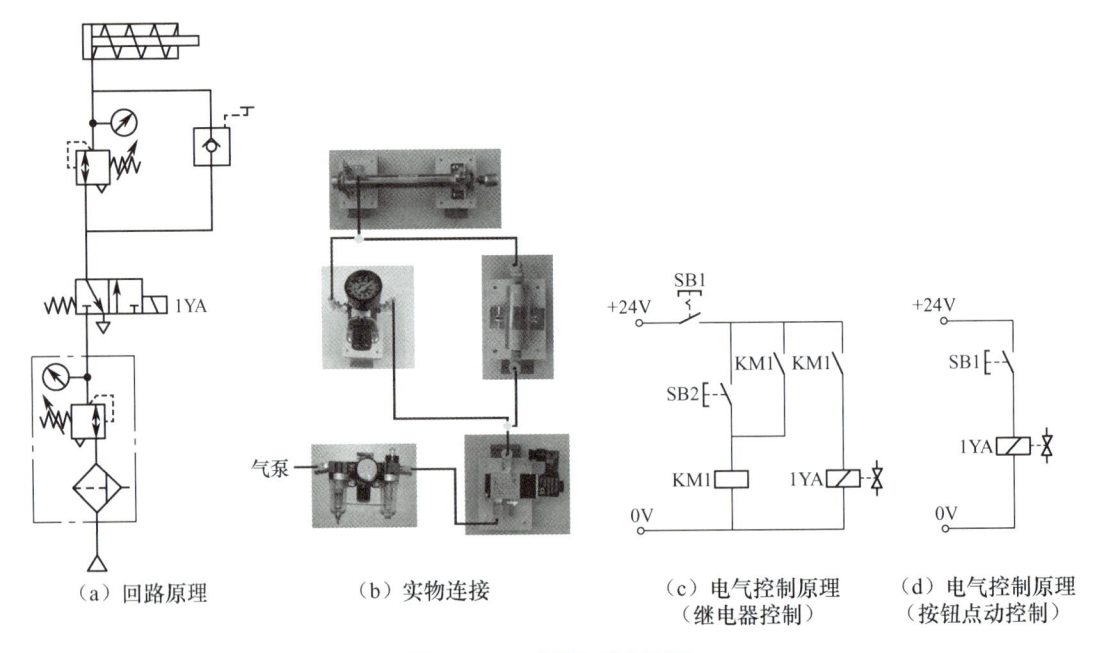

图4.10 二次压力控制回路

2. 实验步骤

（1）根据实验需求选择气动元件，包括三联件、二位三通单电磁换向阀、减压阀、单向节流阀、弹簧复位单作用气缸、连接软管，检验气动元件的使用性能是否正常。

（2）在看懂实验原理图的情况下，搭接实验回路。

（3）将二位三通单电磁换向阀的电源输入口插入相应的电气控制面板输出口。

（4）确认回路搭接正确后，旋松三联件的调压旋钮，通电，开启气泵。待气泵正常工作，再次调节三联件的调压旋钮，使回路中的压力在系统工作压力范围内。

（5）当二位三通单电磁换向阀得电时，压缩空气进入弹簧复位单作用气缸的无杆腔，推动活塞杆运动。在此过程中，可以调节三联件的调压旋钮控制压力；同时，调节减压阀的开度也可调节系统中的压力。三联件和减压阀同时控制了系统的压力。当二位三通单电磁换向阀失电时，弹簧复位单作用气缸缩回。

（6）实验结束后，关闭气泵，切断电源。待回路压力为零时，拆卸回路，清理气动元件并将其放回规定位置。

4.4.2　高低压转换回路

1. 实验原理图

高低压转换回路如图 4.11 所示。

（a）回路原理　　（b）实物连接　　（c）电气控制原理

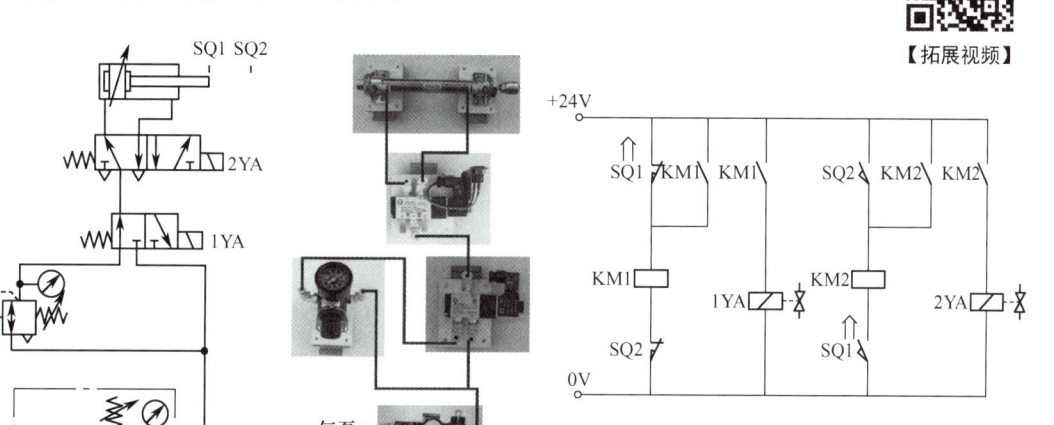

图 4.11　高低压转换回路

2. 实验步骤

（1）根据实验需求选择气动元件，包括单杆双作用气缸、减压阀、二位三通单电磁换向阀、三联件、二位五通单电磁换向阀、接近开关、连接软管，检验气动元件的使用性能是否正常。

（2）在看懂实验原理图的情况下，搭接实验回路。

（3）将二位五通单电磁换向阀、二位三通单电磁换向阀和接近开关的电源输入口插入相应的电气控制面板输出口。把接近开关 SQ1 放置在单杆双作用气缸活塞杆缩回的位置，接近开关 SQ2 放置在单杆双作用气缸活塞杆完全伸出的位置。

（4）确认回路搭接正确后，旋松三联件的调压旋钮，通电，开启气泵。待气泵正常工作时，再次调节三联件的调压旋钮，使回路中的压力在系统工作压力范围内。将减压阀的压力调节为三联件调定压力的一半。

（5）在图 4.11（a）所示状态，两个换向阀均在左位工作，压缩空气经三联件、减压阀、两个换向阀，进入单杆双作用气缸的左腔，推动活塞杆向右运动。同时，接近开关 SQ1 得电，使二位三通单电磁换向阀得电换向、处于右位，系统转为高压状态。当活塞杆靠近接近开关 SQ2 时，二位五通单电磁换向阀得电换向、处于右位，二位三通单电磁换向阀失电换向、处于左位，单杆双作用气缸中的活塞杆缩回，系统转为低压状态。当活塞杆再次靠近接近开关 SQ1 时，系统进入下一次循环。

（6）实验结束后，关闭气泵，切断电源。待回路压力为零时，拆卸回路，清理气动元件并将其放回规定位置。

3. 实验思考

如果在高低压转换回路中将减压阀替换为单向节流阀，能否实现高低速转换？

4.5 多缸气动控制回路

4.5.1 双缸顺序动作回路

1. 实验原理图

双缸顺序动作回路如图 4.12 所示。

（a）回路原理　　　　（b）实物连接

（c）电气控制原理

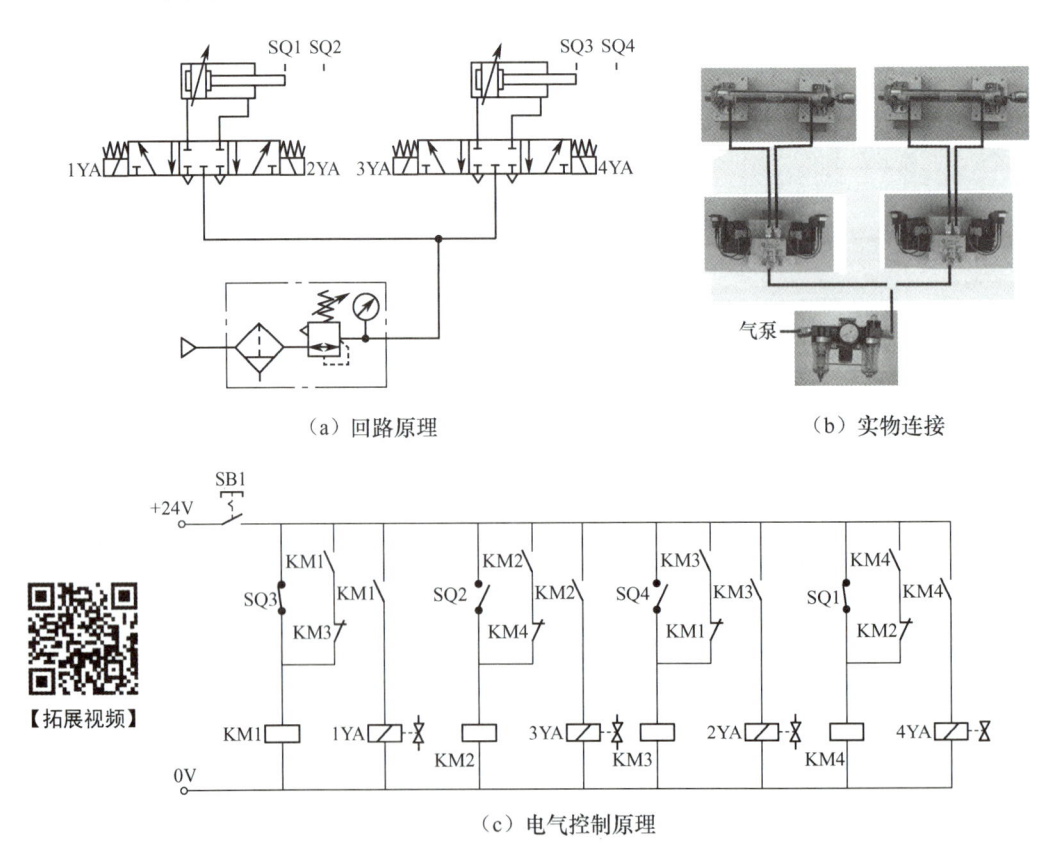

图 4.12　双缸顺序动作回路

2. 实验步骤

（1）根据实验需求选择气动元件，包括单杆双作用气缸、接近开关、单气控换向阀、三位五通双电磁换向阀、三联件、连接软管，检验气动元件的使用性能是否正常。

（2）在看懂实验原理图的情况下，搭接实验回路。

（3）将三位五通双电磁换向阀和接近开关的电源输入口插入相应的电气控制面板输出口。

（4）确认回路搭接正确后，旋松三联件的调压旋钮，通电，开启气泵。待气泵正常工作时，再次调节三联件的调压旋钮，使回路中的压力在系统工作压力范围内。

（5）实验开始时，闭合接近开关 SQ3，使左边的三位五通双电磁换向阀 1YA 得电，压缩空气经三位五通双电磁换向阀左位，进入左边的单杆双作用气缸的左腔，推动活塞杆向右运动。此时右边的单杆双作用气缸因没有气体进入左腔而不能动作。

（6）当左边的单杆双作用气缸的活塞杆靠近接近开关 SQ2 时，右边的三位五通双电磁换向阀 3YA 得电，压缩空气经右边的三位五通双电磁换向阀左位，进入右边的单杆双作用气缸的左腔，活塞杆在压力的作用下向右运动。当活塞杆靠近接近开关 SQ4 时，左边的三位五通双电磁换向阀 2YA 得电，左边的单杆双作用气缸中的活塞杆缩回；当活塞杆靠近接近开关 SQ1 时，右边的单杆双作用气缸中的活塞杆缩回；当活塞杆回到 SQ3 的位置时，1YA 再次得电，从而实现单杆双作用气缸的下一个顺序动作。

（7）实验结束后，关闭气泵，切断电源。待回路压力为零时，拆卸回路，清理气动元件并将其放回规定位置。

3. 实验思考

（1）若采用机械阀代替接近开关，系统将怎样动作？回路应怎样搭接？

（2）在双缸顺序动作回路中，若采用压力继电器控制，能实现这个顺序动作吗？请从理论上进行验证。

4.5.2　三缸联动回路

1. 实验原理图

三缸联动回路如图 4.13 所示。

2. 实验步骤

（1）根据实验需求选择气动元件，包括单杆双作用气缸或双杆双作用气缸（三个）、二位五通双电磁换向阀、三联件、连接软管，检验气动元件使用性能是否正常。

（2）在看懂实验原理图的情况下，搭接实验回路。

（3）将二位五通双电磁换向阀的电源输入口插入相应的电气控制面板输出口。

（4）确认回路搭接正确后，旋松三联件的调压旋钮，通电，开启气泵。待气泵正常工作后，再次调节三联件的调压旋钮，使回路中的压力在系统工作压力范围内。

（5）当按下开关 SB2，二位五通双电磁换向阀因 1YA 得电左位接入时，三个气缸开始一起向一个方向运动。当按下开关 SB3，二位五通双电磁换向阀右位接入时，三个气缸

(a) 回路原理

(b) 实物连接

(c) 电气控制原理
（按钮点动控制）

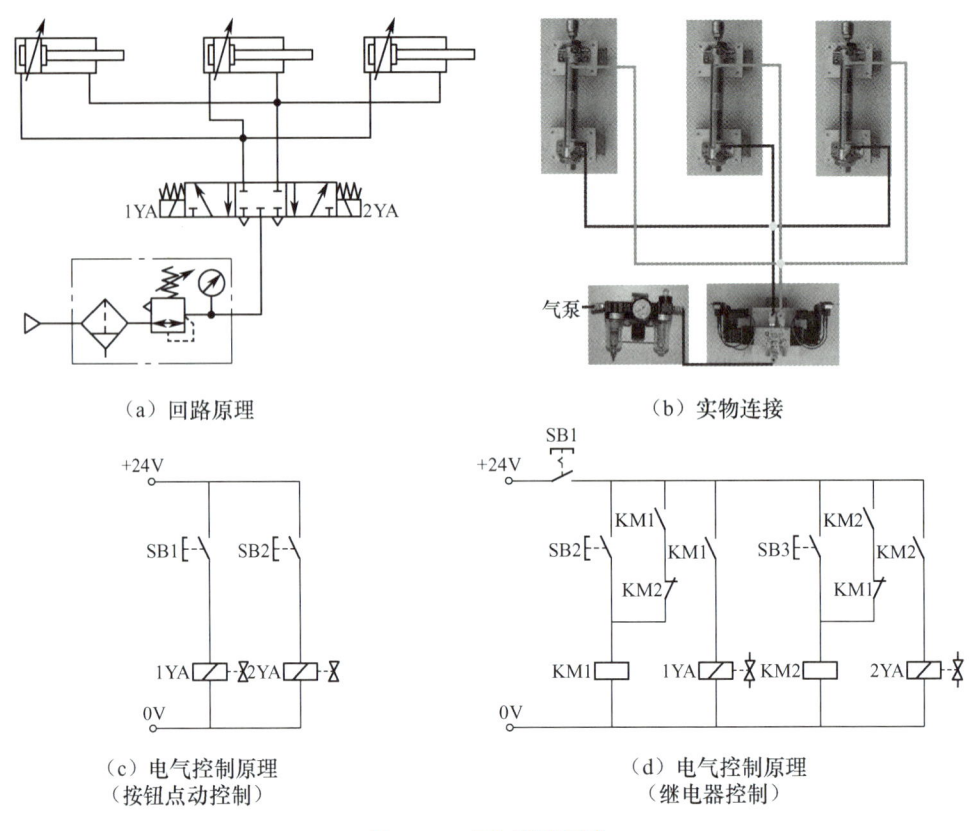

(d) 电气控制原理
（继电器控制）

图 4.13　三缸联动回路

开始做复位动作。

（6）实验结束后，关闭气泵，切断电源。待回路压力为零时，拆卸回路，清理气动元件并将其放回规定位置。

4.6　逻辑气动控制回路

4.6.1　逻辑阀的运用回路

1. 实验原理图

逻辑阀的运用回路如图 4.14 所示。

2. 实验步骤

（1）根据实验需求选择气动元件，包括单杆双作用气缸、单气控阀、或门逻辑阀、手动换向阀、二位三通单电磁换向阀、三联件、连接软管，检验气动元件的使用性能是否正常。

（2）在看懂实验原理图的情况下，搭接实验回路。

(a)回路原理　　　　　　　　　　(b)实物连接

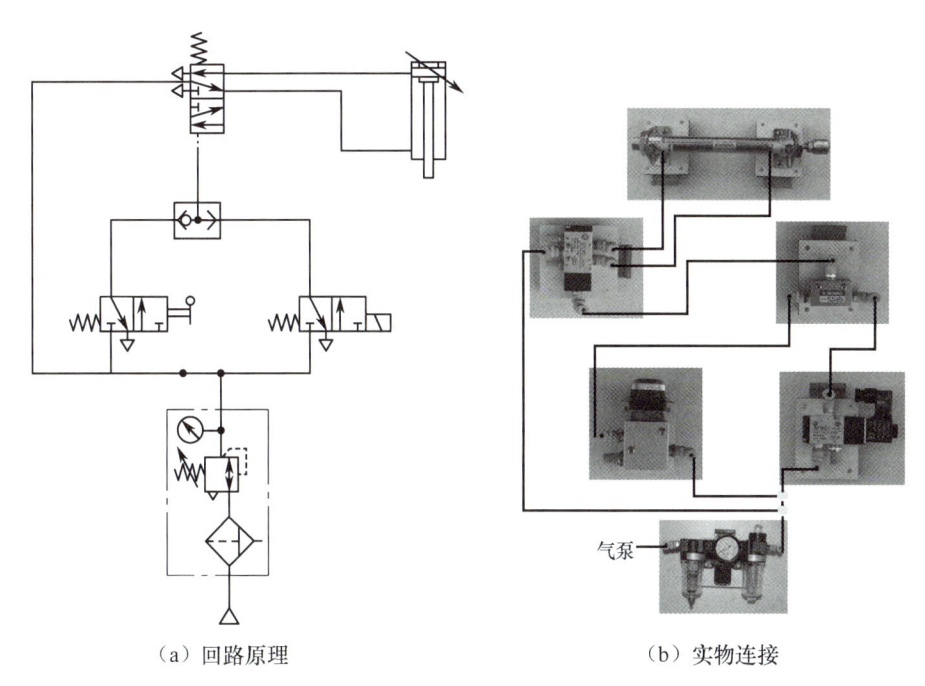

图 4.14　逻辑阀的运用回路

（3）将二位三通单电磁换向阀的电源输入口插入相应的电气控制面板输出口。

（4）确认回路搭接正确后，旋松三联件的调压旋钮，通电，开启气泵。待气泵正常工作后，再次调节三联件的调压旋钮，使回路中的压力在系统工作压力范围内。

（5）当切换手动换向阀时，压缩空气经手动换向阀、或门逻辑阀作用于单气控阀，使单气控阀上位接入。压缩空气经单气控阀上位进入单杆双作用气缸的上腔，活塞杆伸出。当手动换向阀换位时，单气控阀在弹簧力的作用下复位，压缩空气进入单杆双作用气缸的下腔，活塞杆缩回。

（6）当二位三通单电磁换向阀得电时，压缩空气经二位三通单电磁换向阀右位，通过或门逻辑阀作用于单气控阀，使单气控阀上位接入。压缩空气经单气控阀的上位进入单杆双作用气缸的上腔，活塞杆伸出。当二位三通单电磁换向阀失电时，单气控阀在弹簧的作用下复位，压缩空气进入单杆双作用气缸的下腔，活塞杆缩回。

（7）实验结束后，关闭气泵，切断电源。待回路压力为零时，拆卸回路，清理气动元件并将其放回规定位置。

4.6.2　互锁回路

1. 实验原理图

互锁回路如图 4.15 所示。

2. 实验步骤

（1）根据实验需求选择气动元件，包括单杆双作用气缸、或门逻辑阀、二位五通双气控换向阀、二位五通单电磁换向阀、三联件、连接软管，检验气动元件的使用性能是否正常。

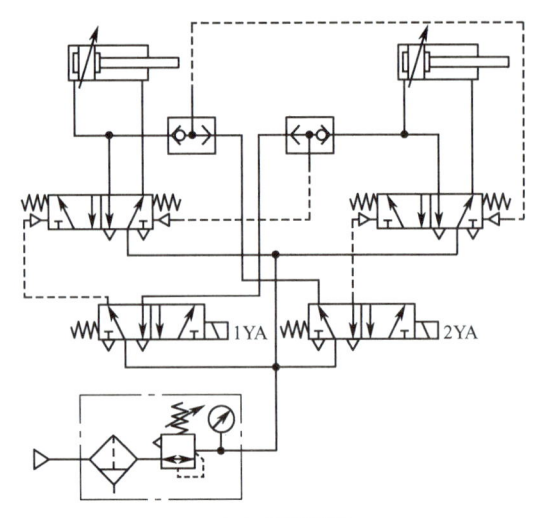

(a) 回路原理

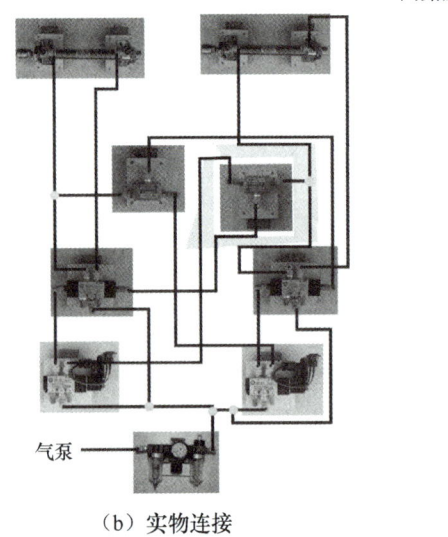

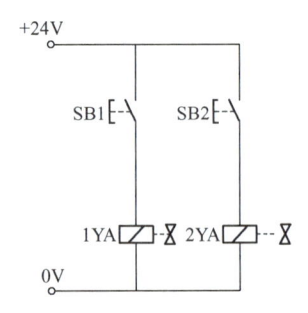

(b) 实物连接　　　　(c) 电气控制原理（按钮点动控制）

图 4.15　互锁回路

（2）在看懂实验原理图的情况下，搭接实验回路。

（3）将二位五通单电磁换向阀的电源输入口插入相应的电气控制面板输出口。

（4）确认回路搭接正确后，旋松三联件的调压旋钮，通电，开启气泵。待气泵正常工作后，再次调节三联件的调压旋钮，使回路中的压力在系统工作压力范围内。

（5）在图 4.15（a）所示的状态下，没有一个单杆双作用气缸可以动作；当左边二位五通单电磁换向阀 1YA 得电时，压缩空气经该换向阀，使左边的二位五通双气控换向阀的左位接入。压缩空气进入左边单杆双作用气缸的左腔，推动该气缸的活塞杆向右运动，同时压缩空气经左边的或门逻辑阀使右边的二位五通双气控换向阀一直处于右位工作状态。

（6）当左边的二位五通单电磁换向阀失电，右边的二位五通单电磁换向阀 2YA 得电时，压缩空气经过右边的二位五通双气控换向阀的左位，进入右边单杆双作用气缸的左腔，推动活塞杆向右运动。同时，压缩空气经右边的或门逻辑阀控制左边的二位五通双气控换向阀一直处于右位工作状态，从而避免了同时动作。

（7）实验结束后，关闭气泵，切断电源。待回路压力为零时，拆卸回路，清理气动元件并将其放回规定位置。

4.7 其他气动控制回路

4.7.1 计数回路

1. 实验原理图

计数回路如图 4.16 所示。

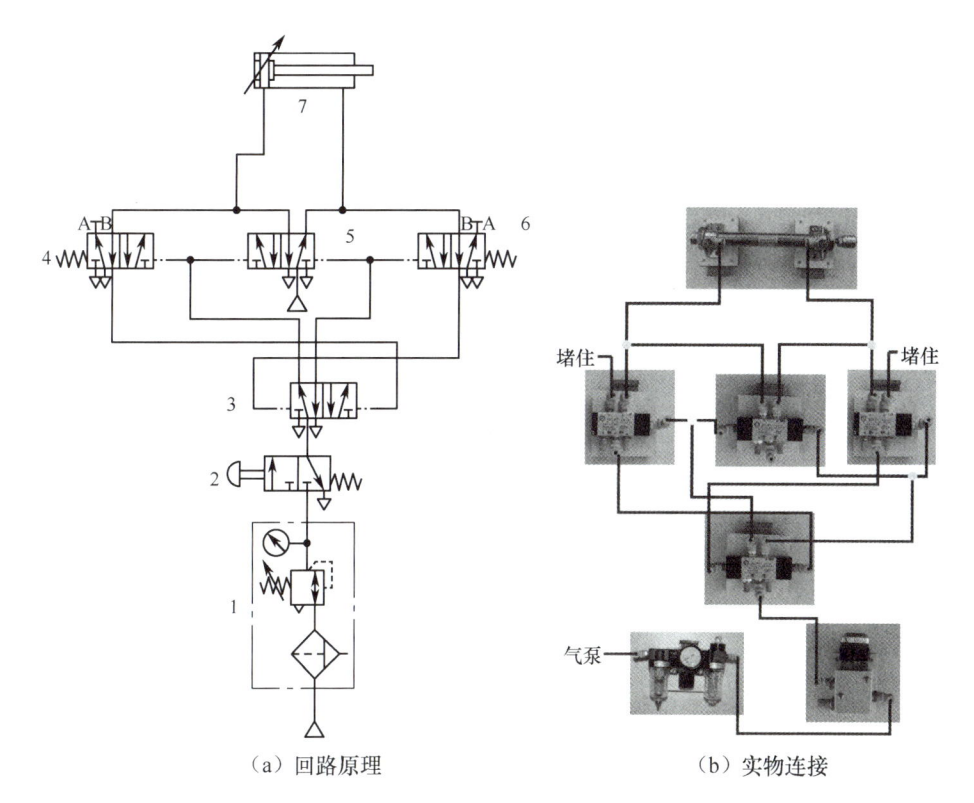

（a）回路原理　　（b）实物连接

1—三联件；2—按钮阀；3，5—二位五通双气控换向阀；
4—二位三通单气控换向阀；6—二位五通单气控换向阀；7—单杆双作用气缸。

图 4.16　计数回路

2. 实验步骤

（1）根据实验需求选择气动元件，包括单杆双作用气缸、二位五通双气控换向阀、二位三通单气控换向阀、二位五通单气控换向阀（必须用配套的塞头堵住 A 口或 B 口）、按钮阀、三联件、连接软管，检验气动元件的使用性能是否正常。

（2）在看懂实验原理图的情况下，搭接实验回路。

（3）确认回路搭接正确后，旋松三联件的调压旋钮，通电，开启气泵。待气泵正常工作后，再次调节三联件的调压旋钮，使回路中的压力在系统工作压力范围内。

（4）如图 4.16（a）所示，当按下按钮阀 2 时，压缩空气经二位五通双气控换向阀 3 的右位至二位五通双气控换向阀 5 的左气控口，使二位五通双气控换向阀 5 换至左位工作，同时，二位三通单气控换向阀 4 断开，此时单杆双作用气缸的活塞杆向右运动。

（5）当按钮阀 2 复位时，作用于二位五通双气控换向阀 5 气控口的压缩空气，经二位五通双气控换向阀 3 排出，二位三通单气控换向阀 4 在弹簧的作用下复位。单杆双作用气缸无杆腔的气体经二位三通单气控换向阀 4 作用于二位五通双气控换向阀 3，使其切换至右位工作，等待下一次的信号输入。

（6）当再次按下按钮阀 2 时，压缩空气经二位五通双气控换向阀 3 至二位五通双气控换向阀 5 右气控口，使其换至右位工作，单杆双作用气缸中的活塞杆向左运动。同时，二位五通单气控换向阀 6 换向，气路断开。当按钮阀 2 复位后，二位五通双气控换向阀 5 气控口的气体经二位五通双气控换向阀 3 排出，同时，二位五通单气控换向阀 6 复位，单杆双作用气缸有杆腔的气体经二位五通单气控换向阀 6，作用于二位五通双气控换向阀 3，使其左位接入，等待下一次的信号输入。

（7）重复上述步骤（4）至步骤（6）可以得出：当奇数次按下按钮阀 2 时，单杆双作用气缸活塞杆向右运动；当偶数次按下按钮阀 2 时，单杆双作用气缸活塞杆向左运动。

（8）实验结束后，关闭气泵，切断电源。待回路压力为零时，拆卸回路，清理气动元件并将其放回规定位置。

需要注意：实验用的按钮阀是点动的，在一次动作过程中是不能松开的；同时，要注意系统的压力不能太大。

4.7.2 双手操作回路

1. 实验原理图

双手操作回路如图 4.17 所示。

2. 实验步骤

（1）根据实验需求选择气动元件，包括单杆双作用气缸、单向节流阀、单气控阀、手动换向阀、三联件、连接软管，检验气动元件的使用性能是否正常。

（2）在看懂实验原理图的情况下，搭接实验回路。

（3）确认回路搭接正确后，旋松三联件的调压旋钮，通电，开启气泵。待气泵正常工作后，再次调节三联件的调压旋钮，使回路中的压力在系统工作压力范围内。

（4）切换手动换向阀（两个手动换向阀同时向同一个方向动作）使回路接通，压缩空气经手动换向阀作用于单气控阀使其左位接入。此时压缩空气经单气控阀、单向节流阀进入单杆双作用气缸的左腔，单杆双作用气缸中的活塞杆伸出。

（5）只要有一个手动换向阀复位，单气控阀就会在弹簧力的作用下复位到右位接入，

（a）回路原理　　　　　　　　　　（b）实物连接

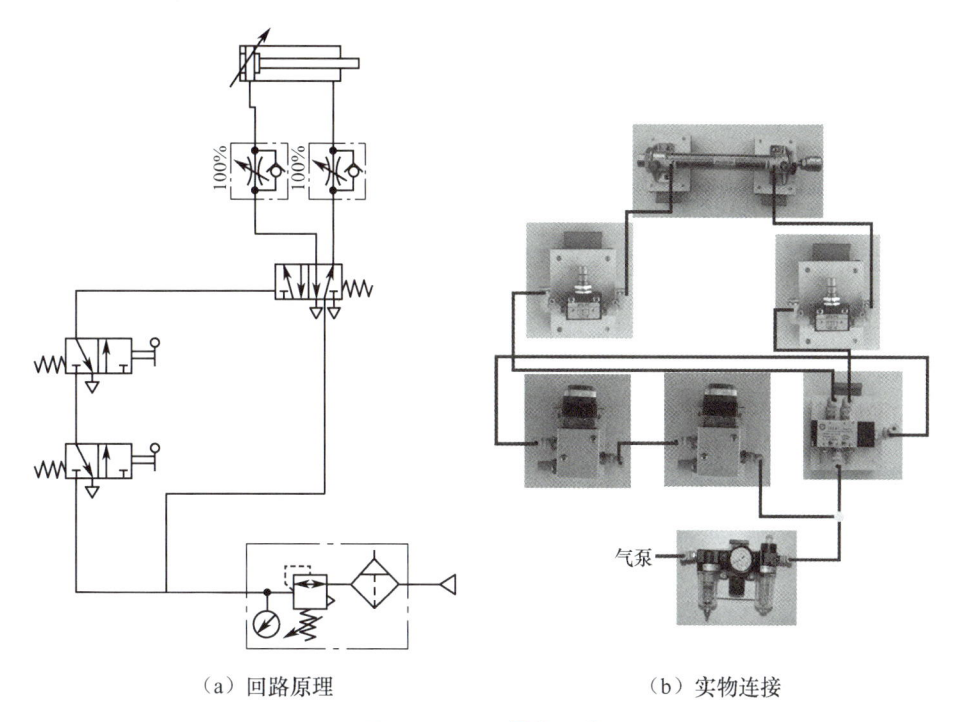

图 4.17　双手操作回路

单杆双作用气缸中的活塞杆缩回。

（6）实验结束后，关闭气泵，切断电源。待回路压力为零时，拆卸回路，清理气动元件并将其放回规定位置。

3. 实验思考

如果双手操作回路中采用按钮阀，那么必须注意在没有换位时手不能松开，请动手试试。如果双手操作回路中不加单向节流阀会出现什么情况？不加行不行？

习　　题

1. 什么是气压传动？
2. 气压传动系统由哪些部分组成？
3. 气压传动系统中为什么要有三联件？
4. 在气动基本回路中应如何安装单向节流阀？
5. 简述各气动基本回路的工作原理。

【在线答题】

第5章 液气压回路的 FluidSIM 仿真实验

本章教学要点

知识要点	掌握程度	相关知识
FluidSIM 软件概述	了解 FluidSIM 软件的功能	FluidSIM 软件主要功能
气动回路的 FluidSIM 仿真、液压回路的 FluidSIM 仿真	熟悉利用 FluidSIM 软件对典型气动回路进行仿真的流程；掌握利用 FluidSIM 软件对液压传动系统及其电气控制回路进行仿真的方法	FluidSIM 软件的学习、气动回路的仿真、组合机床动力滑台液压传动系统及其电气控制回路的仿真

课程导入

"液压与气压传动"是一门实用性强、知识面广的专业基础课程。液压元件与气动元件结构复杂、原理抽象,对于缺乏实际经验,没有见过这些元件的学生来说,学习起来非常困难。为使学生扎实地掌握液气压传动技术理论,并将其较好地应用到生产实践中,关键在于提升这门课的教学效果。实践教学是提高教学效果的重要环节。目前各高校都高度重视开设实验课程,但由于部分高校实验室建设满足不了教学需求,实践教学受到很大限制,大大影响了教学效果,也影响了实验教学与理论教学相配合的教学比例。将利用 FluidSIM 软件仿真实验应用于"液压与气压传动"等相关课程的实践教学环节中,不仅可以降低实验设备的投入,而且可以培养学生的实践分析及应用能力,为解决综合性的工程实践问题奠定必要的基础。

5.1 FluidSIM 软件概述

5.1.1 FluidSIM 软件简介

FluidSIM 软件是 Festo 公司与帕德博恩大学联合开发的液气压与电气系统仿真软件。该软件由 FluidSIM-H(液压传动的仿真)和 FluidSIM-P(气压传动的仿真)两部分组成,主要用于流体传动领域的实践教学。用户可将具体的实验内容作为选取依据,选取所需的元件,并搭接液压回路与气动回路,完成模拟仿真实验和相关测试。在仿真过程中,该软件能实时显示仿真参数和相关动作,有助于充分调动学生的学习积极性,并推动实现"教学做一体化",有效提升教学效果。

FluidSIM 软件操作界面简洁,易于学习。该软件不仅能够提高液气压回路绘图的效率,还凭借它强大的仿真功能,实时显示和控制回路的动作。在液气压回路设计过程中,用户可借助该软件提前发现回路存在的错误,从而设计出结构简单、工作可靠、效率高的最优回路。同时,该软件可设计与液气压回路配套的电气控制回路,弥补了液气压教学过程中,只见液气压回路而不见电气控制回路,导致无法明白各种开关和控制阀动作过程的缺陷。因此,利用 FluidSIM 软件对液气压回路、电气控制回路同时进行设计与仿真,有利于深化学生对这些回路的认识,提升学生的实践应用能力。

5.1.2 FluidSIM 软件主要功能

FluidSIM 软件操作界面简洁明了,各类功能设计清晰明确,整体展现出良好的简易性和便捷性。用户可用该软件轻松实现对设计仿真相关知识的自主学习。在功能模块方面,该软件主要包括专业的绘图功能、系统模拟仿真功能、综合演示功能。

1. 专业的绘图功能

FluidSIM 软件具备专业的 CAD 绘图功能,也具备通用计算机绘图软件不具备的回路仿真功能，可以大大提高各类流体回路的绘图与仿真效率。用 FluidSIM 软件绘制的各类回路图符合相关标准。该软件的绘图功能是基于流体介质特点专门设计的，界面针对性强，操作简单，易于学习。FluidSIM 软件的大部分操作模块（如操作按钮、滚动条和菜单栏）与大多数 Microsoft Windows 应用软件类似，学生不会因此产生畏难情绪，学习积极性一般较高。

FluidSIM 软件的元件库中包含数字元件、电气元件和液压元件等一百多种元件。以 FluidSIM – H 部分为例，如图 5.1 所示，元件库位于 FluidSIM – H 主界面的左侧，包括创建各类回路的液压元件和电气元件等。FluidSIM – H 主界面的菜单栏给出了用于仿真和创建回路的所有命令。在"文件"菜单下，单击"新建"命令，新建空白绘图区，便可打开一个新窗口。在操作过程中，用户可随时将所需的各类元件从元件库中拖入绘图区；同时，可设置元件的结构等信息，设置完成后，按住鼠标左键移动即可将两个图形符号连接起来，并自动生成所需的回路。为了避免回路有可能出现交叉干涉，用户还可以随时移动或调节已生成元件的位置和角度等。

图 5.1　FluidSIM – H 主界面

FluidSIM 软件还具备查错功能。在绘图过程中，它可以实时检查元件间连接是否正确；若不正确，两个元件是不能正常连接的，这一特性极大提高了绘图效率。

2. 系统模拟仿真功能

FluidSIM 软件系统模拟仿真功能很强大，可以实时显示和控制回路的动作。该软件可在液气压回路的设计阶段，及时发现回路中存在的错误并修改更正，从而设计出结构合理、稳定性和可靠性好、工作效率高的液气压回路。

在模拟仿真中，由于用户可在 FluidSIM 软件上实时观察各元件的物理变量，如液压缸活塞杆的速度、输出力和节流阀的通流截面面积等（图 5.2），因此可以预先观察到回路的动态性能，从而准确判断回路的实际运行状态。同时，在利用 FluidSIM 软件进行模拟仿真时，软件还可以实时显示各类回路中元件的状态参数，如液压缸和换向阀的位移，以及各油路的压力、流量和温度等，所显示的参数对设计的液气压传动系统是很重要的。在尚未生产加工出复杂的液压回路或气动回路实物的情况下，在设计阶段就可以对回路进行动态性能分析，这就是虚拟仿真技术在液气压传动系统中的应用。该技术可在设计过程中发挥导向作用，大大节约了人力、物力，有效缩短产品开发周期。

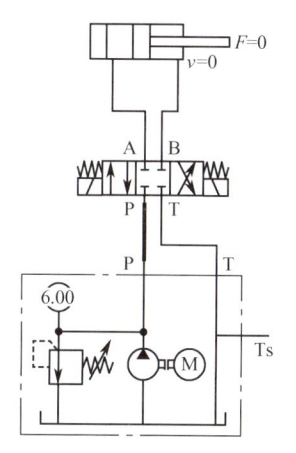

图 5.2　液压回路仿真运行示意图

3. 综合演示功能

FluidSIM 软件不仅能创建和仿真各类液气压回路，还提供了液压技术教学综合演示功能，提供了各种文本、图片、剖视图、练习题和教学影片等。FluidSIM 软件详细介绍了综合演示功能的使用方法和应用场合。通过综合演示，学生可"身临其境"，较轻松地掌握液压与气压传动在工业现场的实际应用。学生只需单击"教学"菜单下的"教学资料"选项，即可随时找到所需的命令。这些命令一部分是与元件相关的信息，另一部分是用于教学的详细资料，可帮助初学者选择自己感兴趣的内容。另外，学生还可将自己感兴趣的内容的关键词链接在"演示文稿"中。FluidSIM 软件的"元件库"和"教学资料"提供了简洁、完整的教学概要，这不仅方便教师在教学中进行讲解，还方便学生更好地理解和掌握液压元件与气动元件的结构组成及工作原理等，从而为后期的设计和仿真液气压回路打下基础。

5.2　气动回路的 FluidSIM 仿真

1. 实验目的

（1）熟悉利用 FluidSIM 软件对气动回路进行仿真的方法。利用 FluidSIM 软件的气动回路仿真功能，每个学生都能以实际操作的方式参与到气动回路及电气控制回路设计和仿真的整个过程中。

（2）强化学生对气动回路的理解。利用 FluidSIM 软件进行仿真可以使静止的气动回路动起来，更直观地展现系统的工作状态，从而激发学生的学习兴趣，提高学习效果。

2. 实验器材

安装有 FluidSIM 软件的计算机 1 台（以下所使用的 FluidSIM 软件为 3.6 版本）。

3. 实验原理

在 FluidSIM – P 环境中，先搭接气动回路，再分别仿真每个气动回路的整个动作过程。本节主要以双手操作回路、快速排气阀的应用回路、过载保护回路、行程阀控制的连续往复动作回路为例进行说明。

4. 实验内容及步骤

（1）FluidSIM 软件的学习。

① 打开仿真软件。

在计算机中找到"FluidSIM – P 3.6"的快捷方式并打开，进入气动回路仿真环境，如图 5.3 所示。

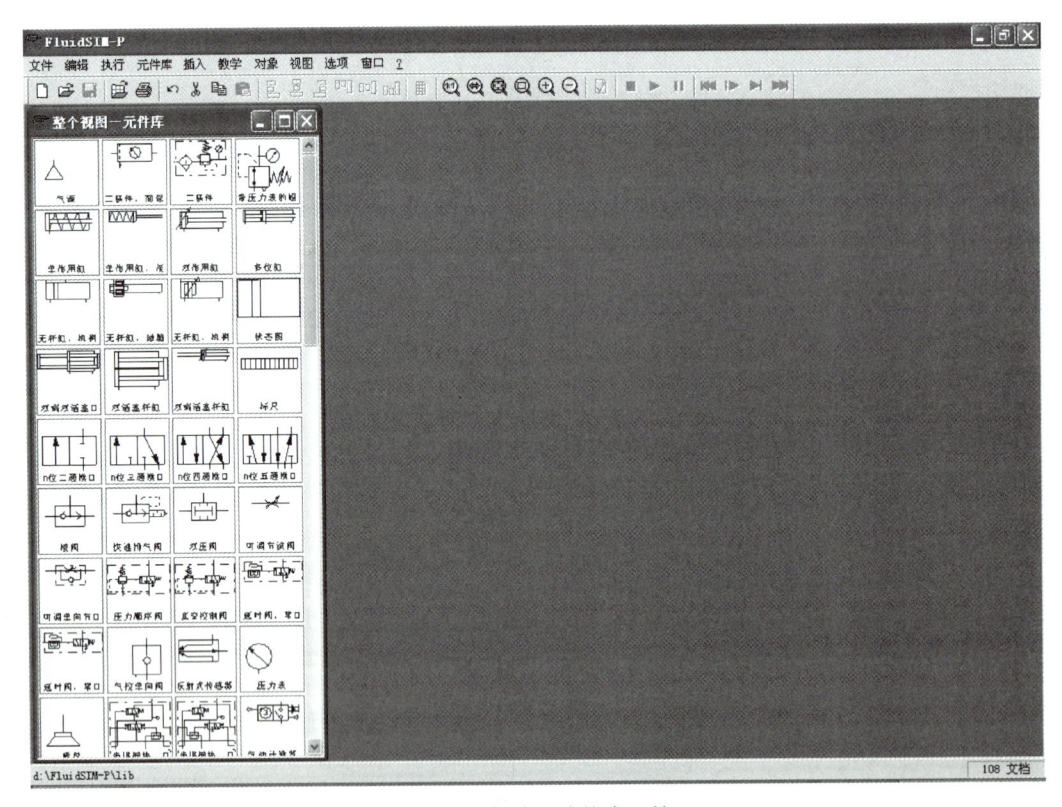

图 5.3　气动回路仿真环境

② 搭接回路模型。

单击工具栏"新建"按钮（或单击菜单栏"文件"→"新建"），即可新建一个文件。根据搭接的气动回路，单击左侧"整个视图—元件库"窗口中的相应元件符号，并按住鼠标左键不放，将该元件符号拖放到右侧新建文件窗口中；同理，选择其他元件，并将其拖放到右侧新建文件窗口中，完成气动回路的搭接，如图 5.4 所示。

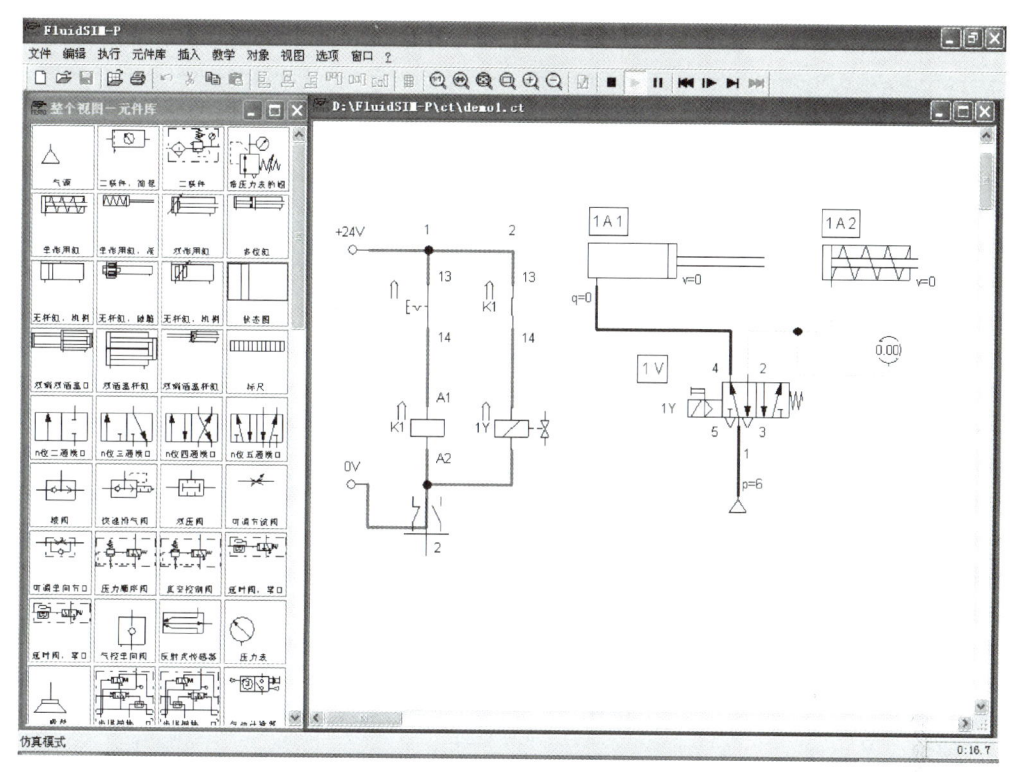

图 5.4　FluidSIM 软件仿真模式

③ 运行仿真模型。

单击工具栏"仿真"按钮，FluidSIM 软件进入仿真模式。单击菜单栏"执行"→"启动"，或在新建文件窗口中右击，弹出快捷菜单，单击"启动"命令并执行，FluidSIM 软件也可进入仿真模式。

④ 相关仿真说明。

FluidSIM 软件中的物理量及对应单位见表 5-1。

表 5-1　FluidSIM 软件中的物理量及对应单位

物理量	单位	物理量	单位
p（压力）	bar，MPa	%（开口度）	
q（流量）	L/min	U（电压）	V
v（速度）	m/s	I（电流）	A
F（力）	N		

电缆和气压管路的颜色含义见表 5-2。

表 5-2 电缆和气压管路的颜色含义

颜色	含义
深蓝色	气压管路：压力大于或等于最大压力的 50%
淡蓝色	气压管路：压力小于最大压力的 50%
淡红色	电缆：有电流流动

（2）气动回路的仿真。

① 双手操作回路。

如图 5.5 所示，只有同时按下两个手动换向阀，该气动回路的气缸才会发生动作，气缸的活塞杆伸出；若只按下其中一个手动换向阀，气缸无动作。该操作设置对操作人员起安全保护作用。

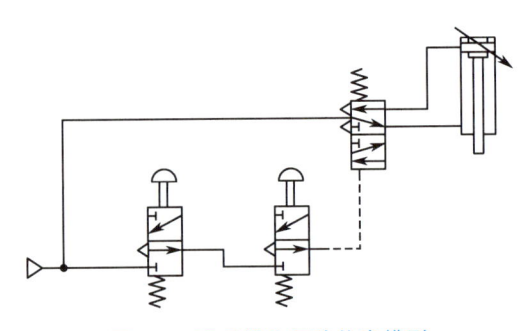

图 5.5 双手操作回路仿真模型

该回路一般应用在冲床、锻压机床上。仿真过程中，先用左手按下 shift 键，然后用鼠标左键依次单击两个手动换向阀的按钮，使这两个手动换向阀依次切换到上位。

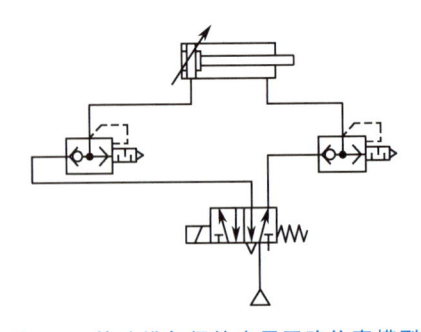

② 快速排气阀的应用回路。

快速排气阀的应用回路仿真模型如图 5.6 所示。使用快速排气阀，气缸排气不用通过手动换向阀就能快速进行，这加快了气缸活塞杆往复的运动速度，缩短了工作周期。

图 5.6 快速排气阀的应用回路仿真模型

③ 过载保护回路。

过载保护回路仿真模型如图 5.7 所示。该回路实现动作的过程：手动换向阀 1 切换到下位，二位三通单电磁换向阀 2 切换到上位，二位四通单气控换向阀 3 切换到上位；气缸

4的无杆腔进气,有杆腔排气,气缸中的活塞杆左行;当活塞杆运动到左侧终端时,负载增大,气缸过载,气缸的无杆腔进气,压力升高,顺序阀 5(实验中搭接回路时选用压力顺序阀元件符号)动作,二位三通单气控换向阀 6 右位接入,使手动换向阀 1 切换到上位,二位四通单气控换向阀 3 的控制气体经二位三通单气控换向阀 6 的上位,由手动换向阀 1 的上位排气口排出,二位四通单气控换向阀 3 换向到下位(在弹簧作用下换至图 5.7 所示位置),使气缸 4 的活塞杆缩回。

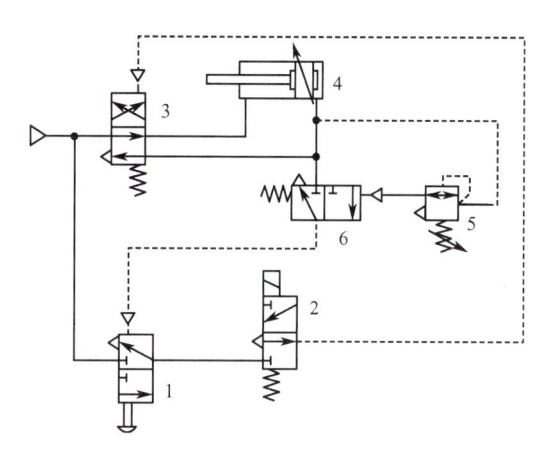

1—手动换向阀;2—二位三通单电磁换向阀;3—二位四通单气控换向阀;4—气缸;
5—顺序阀;6—二位三通单气控换向阀。

图 5.7　过载保护回路仿真模型

④ 行程阀控制的连续往复动作回路。

行程阀控制的连续往复动作回路仿真模型如图 5.8 所示。该回路实现动作的过程:按下手动换向阀的手柄,二位五通单气控换向阀切换到右位,气缸中的活塞杆右行,二位五通单气控换向阀保持右位,直到气缸中活塞杆上的挡块触压行程阀 B 时,二位五通单气控换向阀切换到左位,气缸中的活塞杆左行。在没有断开手动换向阀时,重复上述操作过程。

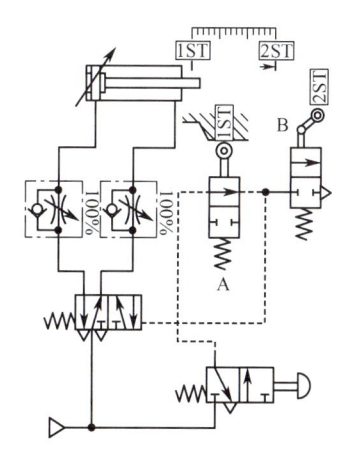

图 5.8　行程阀控制的连续往复动作回路仿真模型

使用标尺元件，可以实现行程阀对气缸活塞杆行程的控制（**用标尺上设置的位置代替行程阀的安装位置**），具体过程如下。

a. 将 FluidSIM 软件左侧"元件库"窗口中的标尺元件符号，拖放到右侧新建文件窗口中的气缸右上侧，双击标尺元件符号，弹出"标尺"对话框，输入标签和对应的位置数值，单击"确定"按钮，如图 5.9 所示。

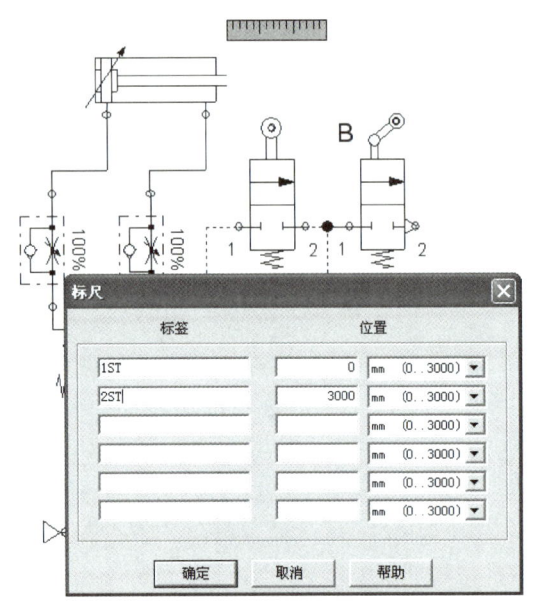

图 5.9　"标尺"对话框

b. 双击行程阀 A 的机控部分，弹出"元件关联"对话框，输入标签 1ST，单击"确定"按钮，如图 5.10 所示。按照上述步骤设置行程阀 B。

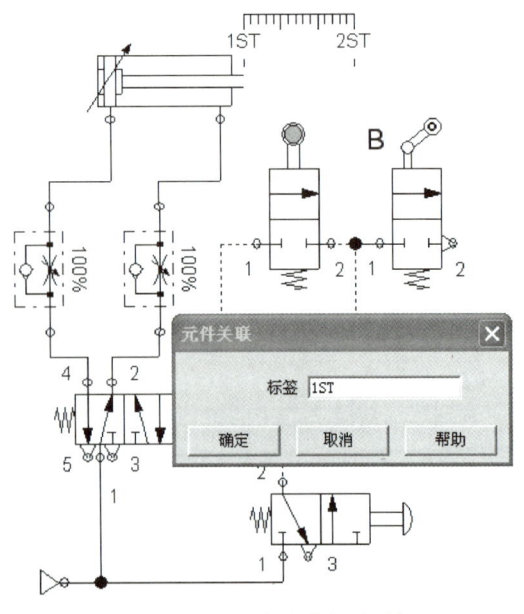

图 5.10　"元件关联"对话框

5. 实验报告要求

完成相应气动回路的搭接，对每个气动回路动作过程中的主要动作进行截图。其中需重点注意下列主要动作过程。

（1）在双手操作回路中，对气缸活塞杆下行动作进行截图。

（2）在快速排气阀的应用回路中，对气缸活塞杆右行动作进行截图。实时显示通过快速排气阀的压缩空气流量数值和通过换向阀排气口的压缩空气流量数值。可双击每个阀的接口，然后选中需要显示的物理量即可。

（3）在过载保护回路中，对气缸活塞杆左行动作进行截图。

（4）在行程阀控制的连续往复动作回路中，对气缸活塞杆开始右行、左行动作进行截图。

5.3　液压回路的 FluidSIM 仿真

1. 实验目的

（1）熟悉利用 FluidSIM 软件对液压回路进行仿真的方法。利用 FluidSIM 软件的液压回路仿真功能，对组合机床动力滑台液压传动系统及其电气控制回路进行仿真，将"传动"和"控制"结合起来，实现系统的完整对接。

（2）强化学生对液压传动系统工作原理的理解。FluidSIM 软件仿真能使静止的液压传动系统动态运行，直观地展现系统的各个工作状态，从而激发学生的学习兴趣，提高学习效果。

2. 实验器材

安装有 FluidSIM 软件的计算机 1 台。

3. 实验原理

在 FluidSIM‑H 环境中，搭接组合机床动力滑台液压传动系统及其电气控制回路，然后仿真组合机床动力滑台液压传动系统的整个动作过程。可通过继电器控制电路，实现液压缸动作过程的自动控制。

4. 实验内容及步骤

（1）FluidSIM 软件的学习。

① 打开仿真软件。

在计算机中找到"FluidSIM‑H 3.6"的快捷方式并打开，进入液压回路的仿真环境，如图 5.11 所示。

② 搭接回路模型。

单击工具栏"新建"按钮（或单击菜单栏"文件"→"新建"），即可新建一个文件。根据所搭接的液压回路，单击左侧"元件库"窗口中相应的元件符号，并按住鼠标左键不放，将该元件符号拖放到右侧新建文件窗口中。同理，选择其他元件，并将其拖放到右侧新建文件窗口中。完成液压回路的搭接工作，如图 5.12 所示。

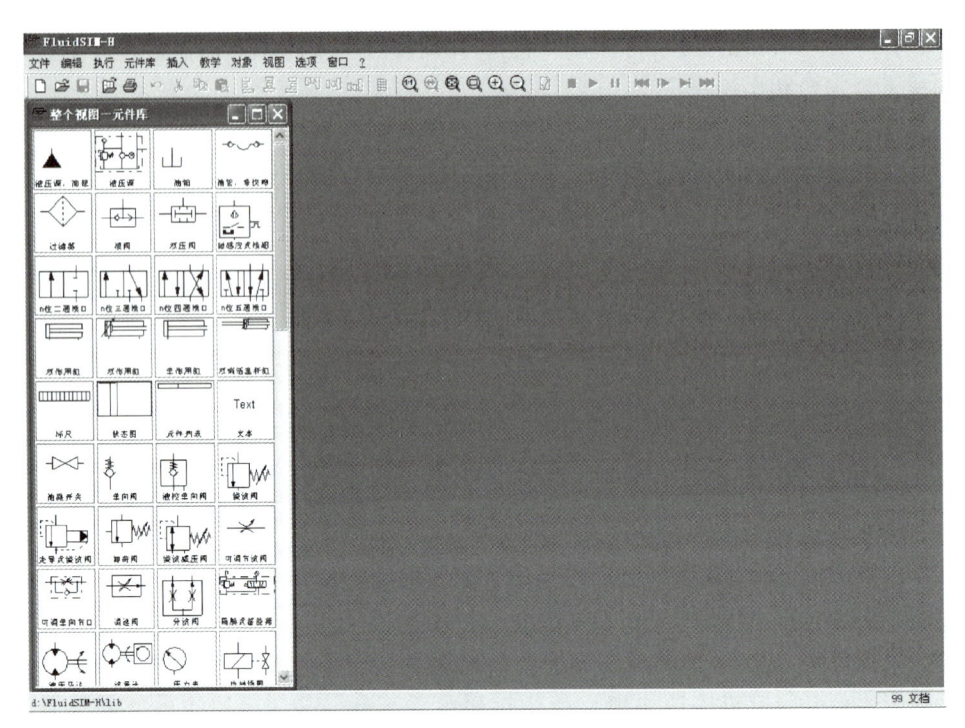

图 5.11　液压回路的仿真环境

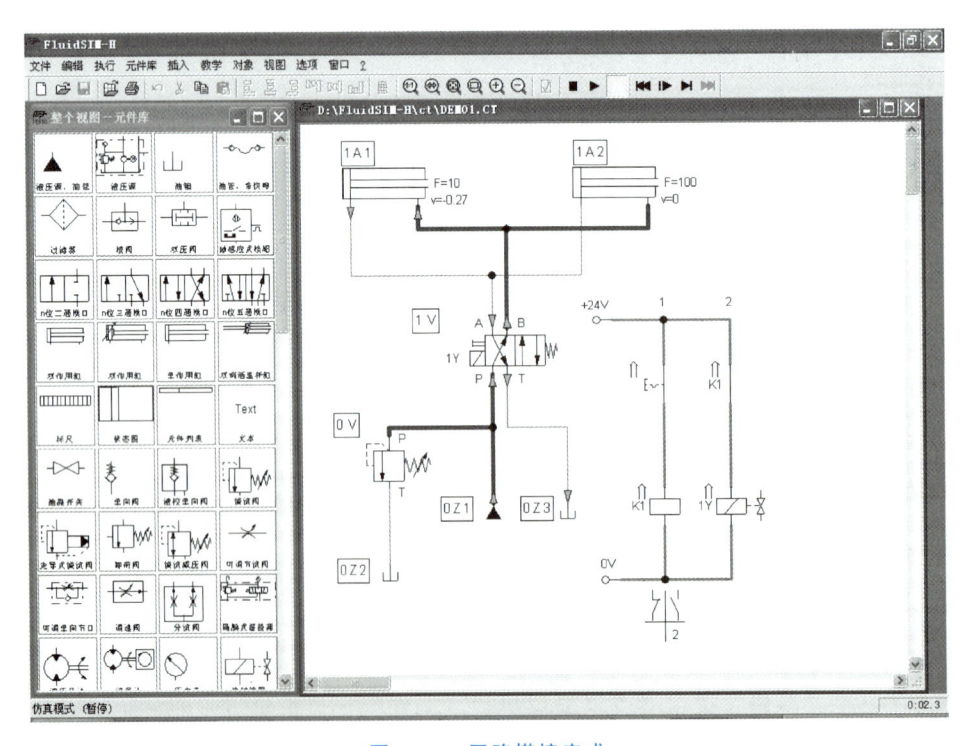

图 5.12　回路搭接完成

③ 运行仿真模型。

单击工具栏"仿真"按钮,FluidSIM 软件进入仿真模式。单击菜单栏"执行"→"启动",或在新建文件窗口中右击,弹出快捷菜单,单击"启动"命令并执行,FluidSIM 软件也可进入仿真模式。

④ 相关仿真说明。

电缆和液压管路的颜色含义见表 5-3。

表 5-3 电缆和液压管路的颜色含义

颜色	含义
暗红色	液压管路:压力大于或等于最大压力的 50%
黄褐色	液压管路:压力小于最大压力的 50%
淡红色	电缆:有电流流动

(2)组合机床动力滑台液压传动系统及其电气控制回路的仿真。

组合机床动力滑台液压传动系统及其电气控制回路仿真模型如图 5.13 所示。

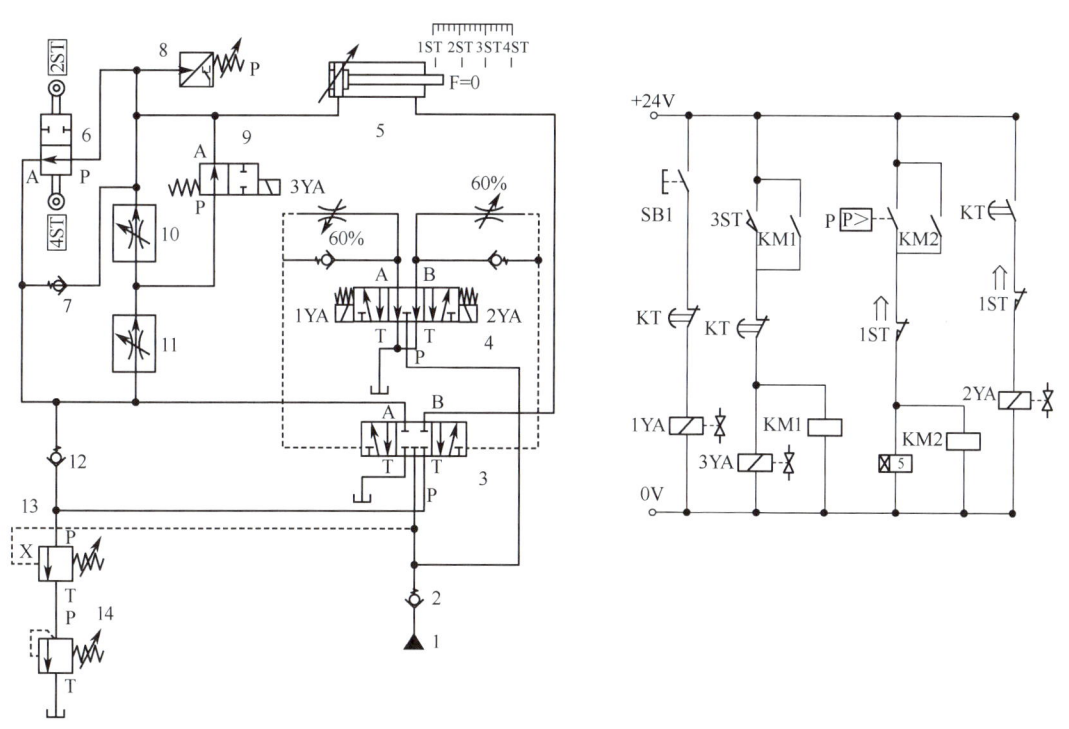

(a) 回路原理   (b) 电气控制原理

1—液压源;2,7,12—单向阀;3—三位五通液动换向阀;
4—三位五通电磁换向阀;5—液压缸;6—行程阀;8—压力继电器;9—二位二通电磁换向阀;
10,11—调速阀;13—顺序阀;14—背压阀。

图 5.13 组合机床动力滑台液压传动系统及其电气控制回路仿真模型

该回路实现动作的过程如下。

① 快进。按下启动按钮 SB1，电磁铁 1YA 通电，三位五通电磁换向阀 4 左位接入系统，顺序阀 13 因系统压力低而处于关闭状态，液压源 1 输出较大流量，此时液压缸 5 两腔连通，实现差动快进。

② 第一次工作进给。当滑台快进终了时，挡块压下行程阀 6，切断快速运动进油路，电磁铁 1YA 继续通电，三位五通液动换向阀 3 以左位接入系统，这时液压油只能经调速阀 11 和二位二通电磁换向阀 9 进入液压缸 5 的左腔。由于工作进给时系统压力升高，液压源 1 便自动减小其输出流量，顺序阀 13 打开，单向阀 12 关闭，液压缸 5 右腔的回油最终经背压阀 14 流回油箱，这样就使滑台转为第一次工作进给运动。进油量的大小由调速阀 11 调节，运行速度缓慢。

③ 第二次工作进给。第二次工作进给油路和第一次工作进给油路基本相同，不同之处是当第一次工作进给结束时，滑台上挡块压下行程开关 3ST，发出电信号，使二位二通电磁换向 9 电磁铁 3YA 通电，其油路关闭，这时液压油须通过调速阀 10 和调速阀 11 进入液压缸 5 左腔。回油路和第一次工作进给完全相同。因调速阀 10 的通流截面面积比调速阀 11 的通流截面面积小，故第二次工作进给的进油量由调速阀 10 调定。

④ 固定挡铁停留。滑台完成第二次工作进给后，碰上固定挡铁即停止不动，这时液压缸 5 左腔的压力升高，当压力达到压力继电器 8 的设定压力时，压力继电器 8 发出电信号给时间继电器 KT，停留时间由时间继电器设定。

⑤ 快速退回。滑台停留时间结束后，时间继电器发出信号，使电磁铁 1YA、3YA 断电，2YA 通电，这时三位五通液动换向阀 3 右位接入系统。因滑台返回时负载小，系统压力低，液压源 1 输出流量又自动恢复到最大，滑台快速退回。

⑥ 原位停止。滑台快速退回到原位，挡块压下原位行程开关 1ST，发出信号，使电磁铁 2YA 断电，此时全部电磁铁都断电，三位五通液动换向阀 3 处于中位，液压缸两腔油路均被切断，滑台原位停止。若按钮 SB1 一直闭合，系统将不断循环，直至 SB1 断开。

该回路在动作过程中应注意以下内容。

① 使用标尺元件可以实现限位开关和行程阀对液压缸活塞杆行程的控制（用标尺上设置的位置代替限位开关或行程阀的安装位置）。

a. 限位开关控制液压缸活塞杆行程设置。将 FluidSIM 软件左侧"元件库"窗口中标尺元件符号，拖放到右侧新建文件窗口中液压缸右上侧，双击标尺元件符号，弹出"标尺"对话框，输入标签和对应的位置数值，单击"确定"按钮。

b. 在对应的电气控制原理图中，双击限位开关对应的触点符号，弹出"常闭触点"或"常开触点"对话框，输入标签 1ST，单击"确定"按钮，如图 5.14 所示。同理设置限位开关对应的其他触点符号。

c. 压力的设置。液压泵的工作压力 8MPa＞顺序阀的公称压力 7.8MPa＞压力继电器的切换压力 7MPa＞溢流阀的公称压力 4MPa。设置方法：双击相应的元件，在弹出的对话框中输入相应的压力数值即可。

② 电气控制回路的搭接。单击菜单栏"插入"→"电气元件"，选中电气符号，将其拖放到新建文件窗口中，单击放置电气符号的位置。按这种方法选择所有需要的电气符号，完成电气控制回路的搭接。也可按搭接液压回路的方法进行，即从左侧"元件库"中

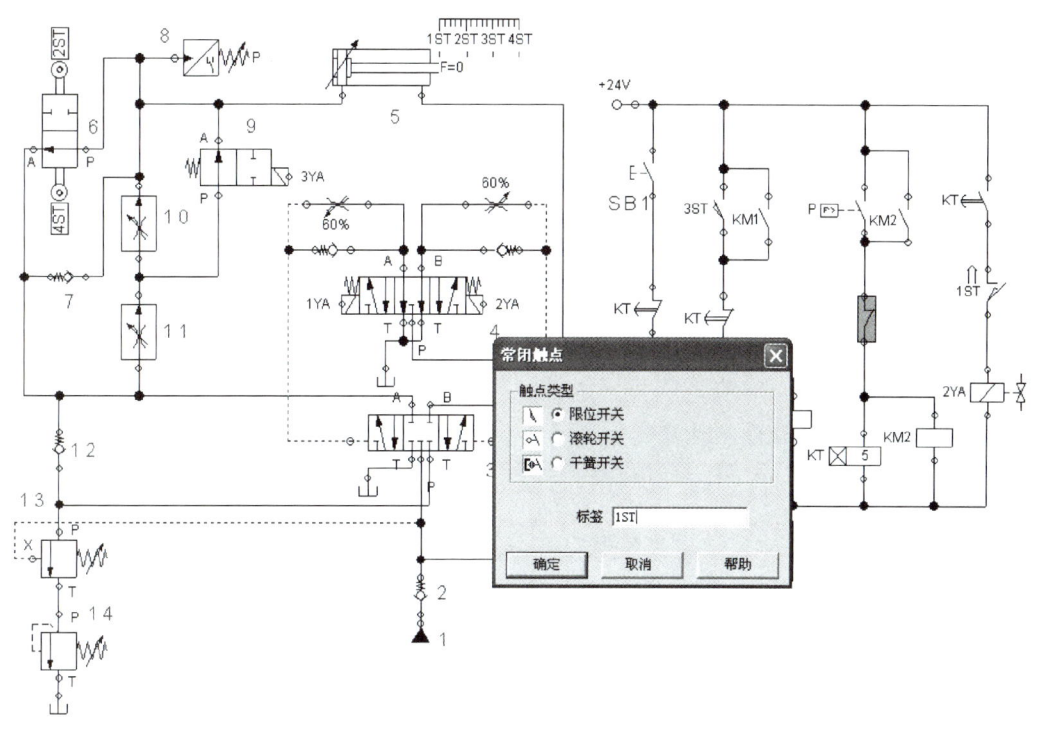

图 5.14　限位开关常闭触点设置对话框

选择所需要的元件，并将其拖放到新建文件窗口中，完成回路的搭接。

5．实验报告要求

完成组合机床动力滑台液压传动系统的搭接。在仿真过程中，需重点观察下列主要动作。

① 液压缸活塞杆右行，没有触压行程阀。

② 液压缸活塞杆右行，触压行程阀，但没有触压限位开关 3ST。

③ 液压缸活塞杆右行，触压限位开关 3ST，但没有触压限位开关 4ST。

④ 液压缸活塞杆右行，触压限位开关 4ST，但液压缸无杆腔压力没有达到压力继电器的调定压力。

⑤ 液压缸活塞杆右行，液压缸无杆腔压力达到压力继电器的调定压力，但定时器 KT 5s 的定时时间未到。

⑥ 定时器 KT 5s 的定时时间刚到。

⑦ 液压缸活塞杆左行，没有触压限位开关 2ST。

⑧ 液压缸活塞杆左行，触压限位开关 2ST，但没有触压限位开关 1ST。

⑨ 液压缸活塞杆左行，触压限位开关 1ST。

实时显示以上过程中液压缸的流量数值和液压缸活塞杆运动速度的数值，并对①②③动作进行截图。

5.4 机床液压传动系统工作过程仿真实验

1. 实验目的

（1）熟练掌握利用 FluidSIM 软件对液压传动系统进行仿真的流程。

（2）强化对液压传动系统工作原理的理解。通过软件仿真，直观地展现液压传动系统工作过程中的各个工作状态，激发学生的学习兴趣，提高学习效果。

2. 实验器材

安装有 FluidSIM 软件的计算机 1 台。

3. 实验原理

已知某型号机床液压传动系统原理如图 5.15 所示，其工作过程如下。

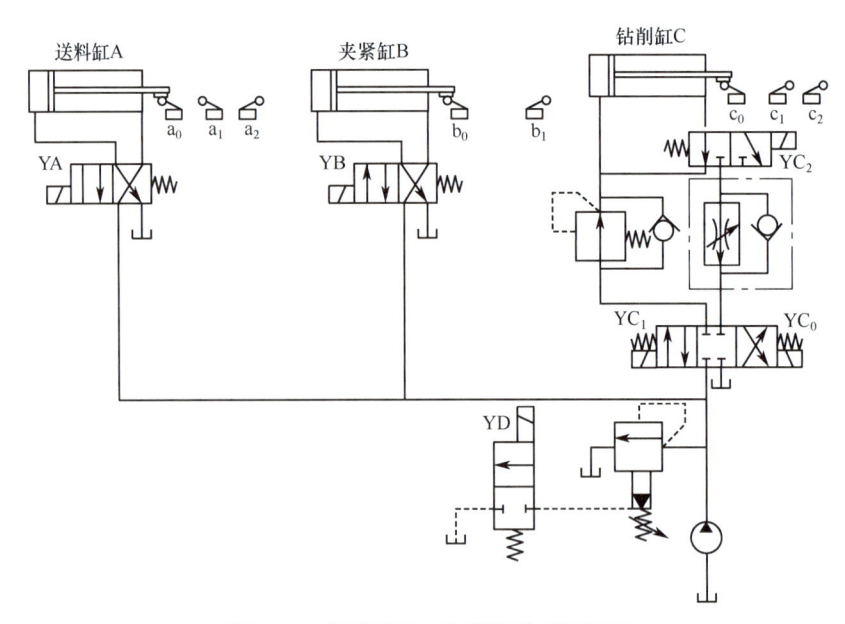

图 5.15 某型号机床液压传动系统原理

（1）当被加工工件被放到位置 a_1 后，送料缸 A 开始运动，把工件推送到位置 a_2 后，送料缸 A 停止运动，然后夹紧缸 B 开始动作，夹紧缸 B 中的活塞杆伸出。

（2）当夹紧缸 B 中的活塞杆伸出到位置 b_1 时，工件被夹紧，同时，钻削缸 C 开始动作，C 中的活塞杆快速伸出，实现快进过程。

（3）当钻削缸 C 中的活塞杆伸出到位置 c_1 时，其速度切换为慢速工进，开始加工工件。

（4）当钻削缸 C 中的活塞杆伸出到位置 c_2 时，工件加工完成，保压停留 5s 后，钻削缸 C 中的活塞杆开始缩回。

（5）当钻削缸 C 中的活塞杆缩回到位置 c_0 时停止运动，同时，夹紧缸 B 中的活塞杆开始缩回，松开工件。

（6）当夹紧缸 B 中的活塞杆缩回到位置 b_0 时停止运动，同时，送料缸 A 中的活塞杆开始缩回。

（7）当送料缸 A 中的活塞杆缩回到位置 a_0 时，系统停止工作，液压泵卸荷，直到下一个工件被放到位置 a_1 后，开始下一个动作循环。

4．实验内容及步骤

（1）实验内容。

根据机床液压传动系统原理，搭建液压传动系统仿真模型，实现机床液压传动系统工作过程的动作要求。

（2）实验步骤。

① 分析液压传动系统工作原理，设计并绘制液压传动系统电气控制原理图。

② 打开液压传动系统仿真软件，根据所设计的机床液压传动系统电气控制原理图搭建液压传动系统仿真模型。

③ 运行所搭建的仿真模型，验证仿真结果是否与动作要求一致。

5．实验报告要求

（1）绘制出完整的电气控制原理图，并结合机床液压传动系统原理，给出每个过程的油路路线及仿真运行时对应每个动作过程的截图。

（2）该系统由哪些基本回路组成？了解各液压元件的类型、性能及作用。

（3）归纳总结出该机床液压传动系统的特点。

习 题

1．利用 FluidSIM 软件进行仿真实验是否能满足你对学习的需求？有没有必要在理论教学中引入该软件？请简述你的理由。

2．为了学习好"液压与气压传动"这门课程，谈谈你对使用 FluidSIM 软件进行液气压回路仿真实验的体会、建议或意见、改进措施或方法等。

【在线答题】

第 6 章 机电液气一体化实训

本章教学要点

知识要点	掌握程度	相关知识
各控制系统设计	了解各控制系统的功能要求；熟悉各控制系统的设计流程；掌握各控制系统的设计方法	公共汽车开关门气动控制系统设计、继电器控制的多缸顺序动作回路设计、基于 PLC 的组合机床动力滑台液压传动系统设计、基于 PLC 的多缸顺序动作回路设计
各控制系统仿真验证	掌握利用 FluidSIM 软件对各控制系统进行仿真验证的流程和方法；掌握利用实验台完成各控制系统功能验证的实验操作	各控制系统的 FluidSIM 仿真验证、各控制系统的实验台实验验证

课程导入

随着科技的不断发展，机电液气技术在各行各业中的应用越来越广泛。党的二十大报告指出，教育、科技、人才是全面建设社会主义现代化国家的基础性、战略性支撑。为了提高我国机电液气技术领域的人才素质，培养具备综合实践能力的高素质技术人才，北方民族大学特开设了"机电液气一体化实训"课程。

机电液气一体化技术是机械制造技术、液气压传动技术和微电子控制技术的有机结合，涉及机械、电子、液气压传动、测试、自动控制、计算机等多领域工程技术。简单地讲，机电液气一体化就是电气控制液气压，液气压控制机械，机械在运动中将信息反馈回来再控制液气压。由于机电液气一体化设备的自动化、智能化程度很高，并非机械、液气压与电子电气的简单组合，因此学生在学完相关基础理论课程后，有必要通过综合设计性实训来提高综合运用所学理论知识的能力。

机电液气一体化实训旨在使学生综合运用所学理论知识和实践经验，在机电液气综合实验台上完成对液气压回路和控制系统的设计、组装和调试等实训内容，以便学生深入了解机电液气技术的原理、应用和实际操作过程，进而培养学生实践操作能力和创造设计能力，提高分析和解决工程技术问题的综合能力，为学生今后从事相关工作打下坚实的基础。

本实训主要以公共汽车开关门气动控制系统设计、继电器控制的多缸顺序动作回路设计、基于PLC的组合机床动力滑台液压传动系统设计和基于PLC的多缸顺序动作回路设计为实践内容，要求学生分组完成以下任务。

① 调研分析液气压传动系统回路的工况、功能要求及动作要求。
② 拟定液气压传动系统的设计需求。
③ 绘制所设计的液气压传动系统原理图。
④ 在FluidSIM软件和机电液气综合实验台上，分别完成液气压传动系统的仿真、组装及调试。
⑤ 小组成员针对个人实训成果进行汇报答疑。

完成以上任务，学生能够真正掌握设计液气压传动系统的基本方法，提高综合应用所学知识和解决复杂工程问题的能力，培养团队合作意识、创新理念和工程素养。实训实施方案见表6-1。

表6-1 实训实施方案

实践环节	教师活动	学生活动	教学目标
工况调研	发布任务资料检索指导，引导学生开展技术调研	每组3~4人，文献检索，讨论交流	掌握文献检索方法，培养学生团队合作意识、工程意识，提升沟通能力
回路设计	回路分析设计、回路仿真方法指导	回路工况分析，技术调研，回路设计	培养学生运用所学知识解决工程问题的能力
系统设计	系统设计方法指导	绘制系统原理图，小组汇报答疑	提升科学思维，培养学生批判创新、解决复杂工程问题的能力
实操优化	监管实操流程、引导学生进行调试总结	实操及调试，优化设计方案	培养学生动手实操、解决复杂工程问题及持续学习的能力

6.1 公共汽车开关门气动控制系统设计

随着科技的不断进步，公共汽车的智能化、自动化程度越来越高，公共汽车开关门系统的设计与控制是一项重要技术，它不仅要为汽车使用者提供更加便捷的使用体验，还要具有较高的安全性。

本实训以公共汽车开关门气动控制系统为例，为了防止发生误开门，要求双人共同完成开门的过程，即当两人均按下开门按钮后，才能实现开门动作；若只有一人按下开门按钮，则不能打开车门。同时，在关门过程中，该系统还需具有防夹功能，即在关门过程中，若有人被夹在门中间，应使车门立即切换为开启状态，及时打开车门。

1. 实训目的

（1）掌握并巩固气压传动系统的组成及其在机电系统中的应用。
（2）熟悉气压传动系统的设计组装过程及一般故障的排除方法。
（3）通过综合性实训项目，完成电气控制回路、气动回路的设计与仿真，加深学生对电气控制回路、气动回路的认识，提高实际应用能力。
（4）培养团队协作意识和创新设计能力，并强化实践动手能力。

2. 实训器材

机电液气综合实验台 1 台，各种气动元件若干。

3. 实训原理

公共汽车开关门气动控制系统原理如图 6.1 所示。当双作用气缸 3 中的活塞杆缩回时，实现关门动作；当双作用气缸 3 中的活塞杆伸出时，实现开门动作。

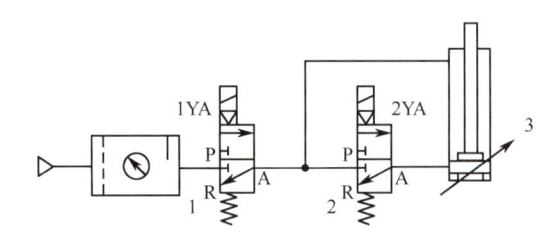

【拓展视频】

1，2—二位三通电磁换向阀；3—双作用气缸。
图 6.1 公共汽车开关门气动控制系统原理

电磁铁动作顺序见表 6-2。

表 6-2 电磁铁动作顺序

动作	电磁铁	
	1YA	2YA
气源关	−	−
关门	+	−

续表

动作	电磁铁	
	1YA	2YA
开门	＋	＋

注："－"表示失电,"＋"表示得电。

4. 实训内容

（1）根据实训原理，完成公共汽车开关门气动控制系统的实验验证。

（2）改进公共汽车原有的车门控制系统，设计一个具有防夹功能的公共汽车开关门气动控制系统。

（3）在 FluidSIM-P 中建立仿真模型并进行仿真运行。

（4）仿真运行无误后，在机电液气综合实验台上完成气动回路的搭接和操作运行。

5. 实训步骤

（1）理论学习。

实训前，通过相关课程的课堂讲解或阅读资料，了解机电液气一体化实训的基本原理和操作技能。

（2）实训操作。

在实训过程中，可按照图 6.2 所示的实训操作流程进行操作，具体操作过程如下。

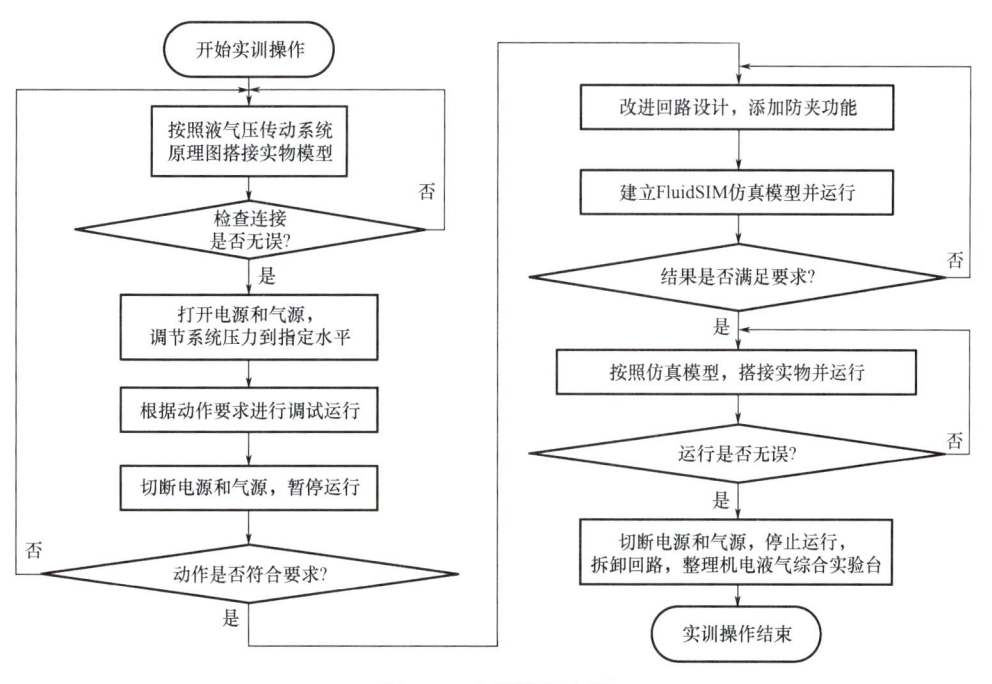

图 6.2 实训操作流程

① 根据气动控制系统原理图，选择所需的气动元件，并将其有序地放在机电液气综合实验台台面上，再用连接软管将它们连接在一起，组成回路。

② 按照图6.3所示的车门电气控制系统，将电气控制系统的线路连接好。

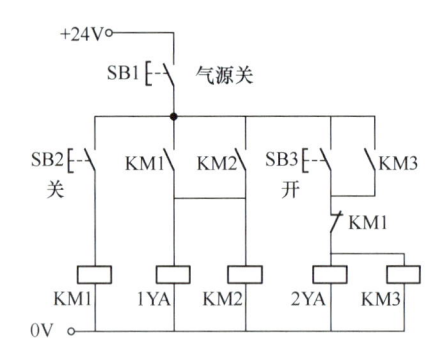

图6.3 车门电气控制系统

③ 检查所有连接好的气动回路和电气控制回路。确认无误后，接通电源，打开气泵的排气阀，压缩空气进入三联件，调节减压阀，使系统压力达到0.4MPa左右。

④ 系统压力调好之后，按下点动开关SB2，此时电磁铁1YA、继电器KM1及KM2均得电，同时继电器KM1和KM2相应的触点动作，二位三通电磁换向阀1上位接通，气缸中的活塞杆开始缩回，实现关门动作；当按下点动开关SB3后，2YA、KM3得电，系统变成差动连接，气缸中的活塞快速伸出，实现开门动作；当再次按下点动开关SB2后，KM1的常闭触点断开，SB3回路断电，2YA复位，气缸中的活塞杆再次缩回（关门），从而实现周而复始的循环开关门过程。

⑤ 当所有动作验证完成之后，按下点动开关SB1，气源断电，系统停止运行。

⑥ 在验证上述气动控制系统的基础上，改进回路设计，重点实现关门过程中的防夹功能，画出气动回路及电气控制原理图。

⑦ 按照所设计的气动回路及电气控制原理图，在FluidSIM-P中建立仿真模型，并进行仿真运行。

⑧ 仿真运行无误后，在实验台上完成实物搭接并进行运行验证。

⑨ 实训结束后，切断所有电源。待回路压力为零时，拆卸回路，清理气动元件并将其放回规定位置。

6. 实训要求

（1）能根据现有的气动元件设计一个控制公共汽车开关门气动控制系统。要求所设计的系统运行安全、稳定、可靠，除了要具备双人控制开门功能，还需具备防夹功能。

（2）以团队分工协作的形式完成涵盖方案设计、气动回路设计、电气控制回路设计、仿真程序设计、气动回路和电气控制回路的组装与连接、系统调试及优化等工程设计实施全过程的训练。

（3）根据要求撰写实训报告，实训报告模板见附录2。

7. 实训思考

（1）在开门过程中，如何实现双人共同控制开门动作？

（2）在实现防夹功能的过程中，遇到过哪些难以解决的问题？你是如何解决的？

6.2 继电器控制的多缸顺序动作回路设计

多缸顺序动作回路是一种常见的控制系统,该回路广泛应用于汽车发动机等工业机械领域。通过精确控制每个缸的运行时机,实现顺序控制,提高生产效率和产品质量。然而多缸顺序动作回路的设计和调试比较复杂,成本较高。随着科技的发展,多缸顺序动作回路将进一步得到改进和应用,为各个领域带来更多的便利和效益。

本实训以由"定位缸""夹紧缸""切削缸"组成的三缸某机床为例,要求在完成双缸顺序动作回路的基础上,设计利用继电器控制的多缸顺序动作回路。

1. 实训目的

(1) 熟悉继电器的工作原理和使用方法。
(2) 掌握多缸顺序动作的实现方式。
(3) 学会用行程开关控制多缸顺序动作。
(4) 培养团队协作意识,提高创新设计和实践动手能力。

2. 实训器材

机电液气综合实验台1台,各种液压元件若干。

3. 实训原理

行程开关控制的双缸顺序动作回路原理如图 6.4 所示,该回路是利用行程开关实现双缸顺序动作的。当电磁铁 1YA 得电后,液压缸 1 的活塞杆伸出;当液压缸 1 的活塞杆运动到行程开关 SQ2 的位置时,SQ2 被接通,电磁铁 3YA 得电,液压缸 2 的活塞杆伸出;当液压缸 2 的活塞杆运动到行程开关 SQ4 的位置时,SQ4 被接通,电磁铁 2YA 得电,液压缸 1 的活塞杆缩回;当液压缸 1 的活塞杆缩回到行程开关 SQ1 的位置时,SQ1 被接通,电磁铁 4YA 得电,液压缸 2 的活塞杆缩回;当液压缸 2 的活塞杆缩回到 SQ3 的位置时,SQ3 被接通,电磁铁 1YA 再次得电,从而实现双缸顺序动作。

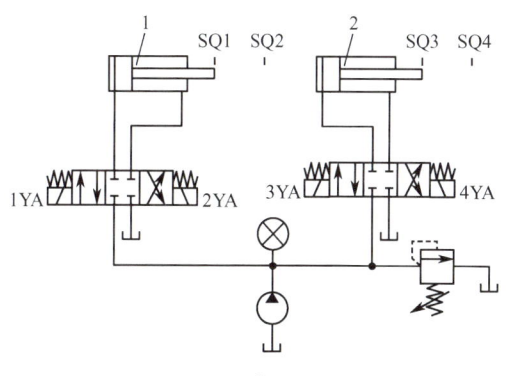

1,2—液压缸。

图 6.4 行程开关控制的双缸顺序动作回路原理

4. 实训内容

（1）根据实训原理图，理解双缸顺序动作回路的继电器电路控制原理，并在机电液气综合实验台上验证回路是否能按照指定的顺序进行动作。

（2）改进双缸顺序动作回路，完成多缸顺序动作回路的设计。

（3）在 FluidSIM－H 中完成仿真模型的搭接及仿真运行。

（4）在机电液气综合实验台上完成实物的搭接和操作运行。

5. 实训步骤

（1）理论学习。

实训前，通过相关课程的课堂讲解或阅读资料，了解机电液气一体化实训的基本原理和操作过程。

（2）实训操作。

在实训过程中，按照以下步骤进行操作。

① 根据实训要求，设计并绘制液压回路和电气控制回路，要求所设计的回路必须经过认真检查，确保回路正确无误。

② 按照检查无误的回路要求，选择所需的液压元件，并检查液压元件的性能是否正常。

③ 将检查好的液压元件组装在插件板的适当位置，用气动快换式接头和连接软管按照回路要求把各个液压元件（包括压力表）连接起来（并联油路可用多孔油路板）。

④ 将电磁阀及行程开关与控制线连接。

⑤ 按照设计的回路，确认安装连接正确后，将液压泵出口处并联的溢流阀完全打开，启动液压泵，按要求逐渐提升系统的压力达到所需的压力值。

⑥ 系统溢流阀作为安全阀使用，不得随意调整。

⑦ 根据回路要求，调节顺序阀，使液压缸活塞杆左右运动速度适中。

⑧ 实验结束后，应先旋松溢流阀手柄，然后关闭液压泵。确认回路中压力为零后，取下连接软管和液压元件，并将其归类放入规定的位置。

⑨ 在完成上述实训操作的基础上，重点完成对系统的改进设计，使其能够实现三个液压缸的顺序动作（动作顺序可自行设定），并在机电液气综合实验台上进行验证，将所得的结果写在实训报告中。

6. 实训要求

（1）能根据机电液气综合实验台现有的液压元件设计一个多缸顺序动作回路，要求所设计的回路运行稳定可靠，不会出现误动作。

（2）以团队分工协作的形式完成涵盖方案设计，液压回路及电气控制回路的连接，系统调试、优化等全过程的训练。

（3）根据要求撰写实训报告，需重点说明回路中各液压元件的作用。

7. 实训思考

（1）在继电器控制的多缸顺序动作回路设计、组装、调试过程中，你遇到了哪些问题？是如何解决的？

(2) 本次实训之后,你认为使用继电器进行回路控制有什么优缺点?请简要说明。
(3) 在本次实训中,你设计的方案有没有需要进一步优化的地方?

6.3 基于 PLC 的组合机床动力滑台液压传动系统设计

组合机床动力滑台的驱动系统是较为典型的液压传动系统。在组合机床中,滑台是用于夹持工件并进行加工的元件,需要具备快速、平稳等运动特性,故驱动滑台的液压传动系统,不仅需要具备强大的动力,而且需要在运行过程中具备较高的控制精度和运动平稳性;同时,液压传动系统对滑台速度和力的调节性要好,而且运行可靠程度要高,这些对液压传动系统的设计提出了较高的要求。

本实训以某组合机床为例,要求利用 PLC 程序完成液压缸"快进→工进→停留→快退→原位停止"动作。

1. 实训目的

为提高学生综合运用各科知识的能力,结合"机电传动控制""液压与气压传动"等课程所学内容,通过对组合机床动力滑台液压传动系统的分析,以现有的液压元件,对原液压传动系统进行简化,设计出一个能实现机床典型循环动作的运动方案。

本次实训除了要求学生进一步熟悉常用液压元件的性能和使用方法,液压缸的速度控制、定位控制的基本方式,还要求学生重点掌握 PLC 的电气连接方法和梯形图编程技巧。把电气控制和液压传动知识有机结合起来,进行一次小型的工程设计、制作训练。在训练过程中,强化学生实践动手能力和分析、排除故障的能力,培养团队协作意识,提高创新设计能力。

2. 实训器材

机电液气综合实验台 1 台,各种液压元件若干。

3. 实训原理

本实训可参考台达 PLC 的液压传动系统和电气控制原理图。请将其修改为西门子 S7-1200 的控制程序。本次实训的液压传动系统的动作循环如图 6.5 所示,液压传动系统原理如图 6.6 所示。

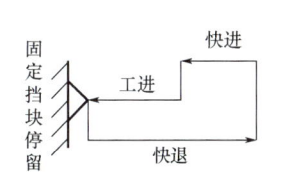

图 6.5 液压传动系统的动作循环   图 6.6 液压传动系统原理

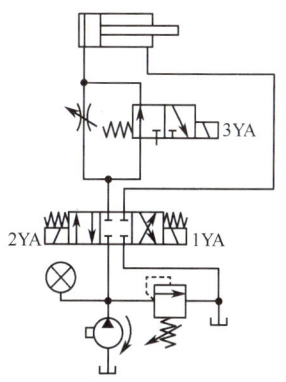

4. 实训内容

利用机电液气综合实验台上现有的液压元件和 PLC，设计一个组合机床动力滑台液压传动系统，要求能够实现"快进→工进→停留→快退→原位停止"的动作循环。

5. 实训步骤

速度换接回路 PLC 原理如图 6.7 所示。

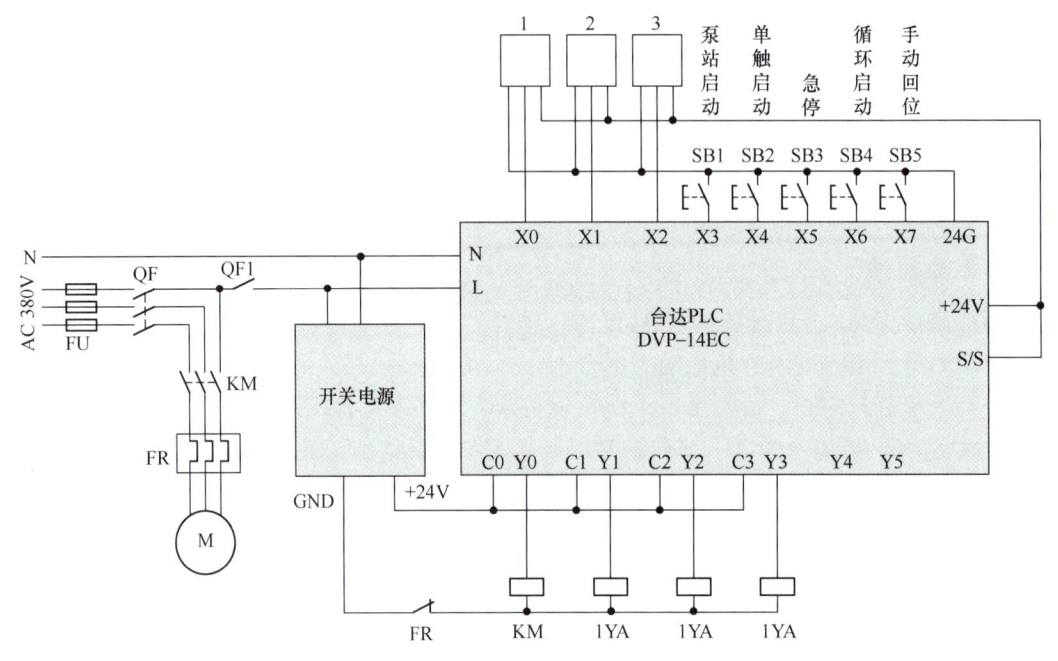

图 6.7　速度换接回路 PLC 原理

（1）检查、熟悉实验器材和设备。

熟悉机电液气综合实验台上所有实验器材和设备的性能、用法。

（2）组接电路。

由于本次实训搭接的电气控制回路比较复杂，而且涉及强电、弱电的混合连接，实验设备也比较精密，因此接线时应仔细检查，切不可在未检查确认无误之前通电。

① 主电路连接。按照电气控制原理图连接电路。输入的三相电源在多功能电源板上，自带保险和空气开关。交流接触器和热继电器在 PLC 输入板上（内部已接好）。

② 控制电路连接。控制电路的电压是不相同的，在接线之前应区分开，切不可接错。

需要注意的是 PLC 内部的电压是直流 24V，在 PLC 主机上已经接好。PLC 的输入控制电压都是直流 24V，采用共阳接法。所有输入端的 S/S 端子都接至直流 24V 的"＋"极或主机上的 +24V 端子，控制开关应串接在直流 24V 的"－"极或主机上的 24G 与 PLC 的输入端子之间。应特别注意接近开关的接法，切勿将正负极接反。

PLC 的输出接线比较复杂，在油路调试完成、读懂电气控制原理图之前不可接线。

在电路连接过程中应对照电气控制原理图和输入、输出接线说明进行连接，连接完毕后一定要进行多次校对、确认。

（3）PLC 编程。

PLC 编程是一项较复杂的工作，在编程之前应阅读西门子 PLC 的操作手册和编程手册，理解 PLC 梯形图表示的意义，熟悉编程软件的编程界面和编程方法，掌握几种重要的编程指令。

（4）设计系统控制流程。

系统控制流程较复杂，在编程之前一定要根据自己设计的动作，绘制系统控制流程图。图 6.8～图 6.10 所示的流程图可供参考。

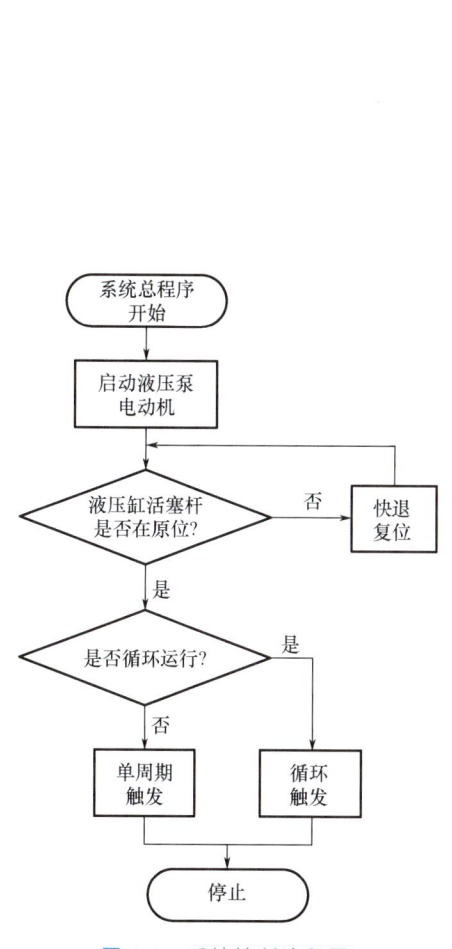

图 6.8 系统控制流程图

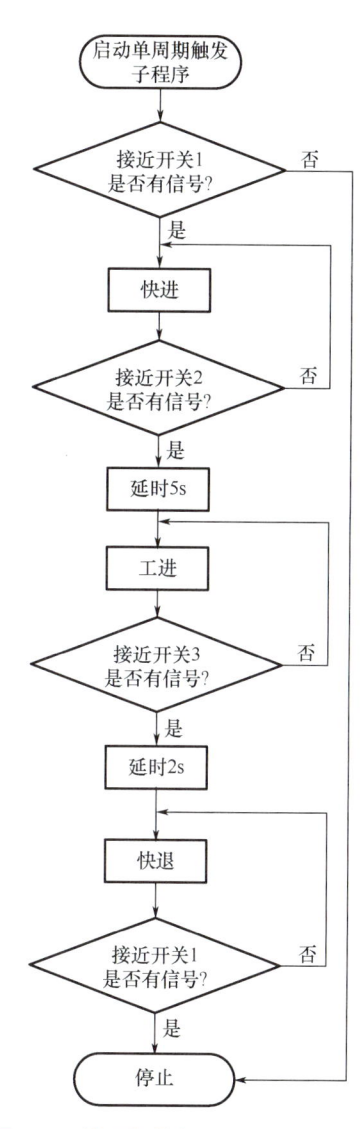

图 6.9 单周期触发子程序控制流程图

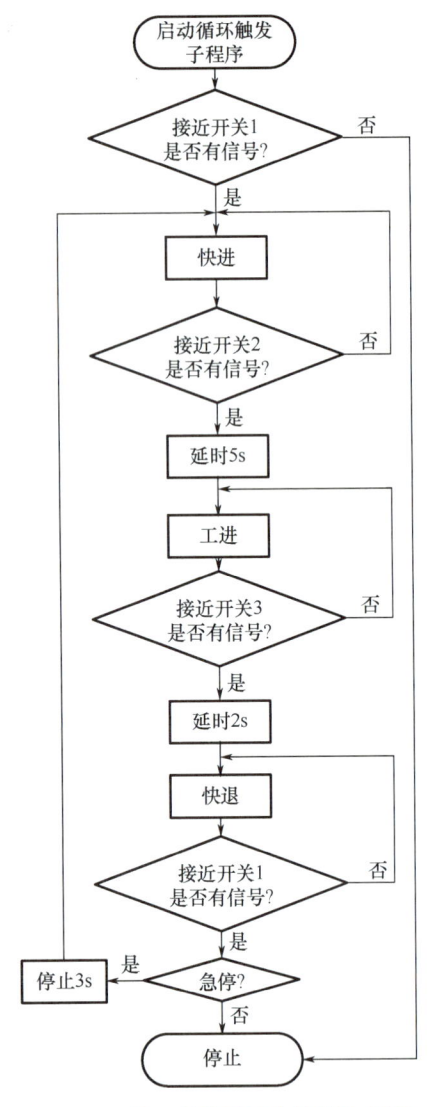

```
                    启动循环触发
                      子程序
                        │
                        ▼
                   ┌─────────┐    否
                   │接近开关1 │──────┐
                   │是否有信号?│      │
                   └─────────┘      │
                        │是         │
        ┌───────────────┤           │
        │               ▼           │
        │            ┌────┐         │
        │            │快进│         │
        │            └────┘         │
        │               │           │
        │               ▼           │
        │          ┌─────────┐   否 │
        │          │接近开关2 │─────┤
        │          │是否有信号?│     │
        │          └─────────┘     │
        │               │是        │
        │               ▼          │
        │          ┌──────┐        │
        │          │延时5s│◄──┐    │
        │          └──────┘   │    │
        │               │     │    │
        │               ▼     │    │
        │            ┌────┐   │    │
        │            │工进│   │    │
        │            └────┘   │    │
        │               │     │    │
        │               ▼     │    │
        │          ┌─────────┐│ 否 │
        │          │接近开关3 ├┴────┤
        │          │是否有信号?│    │
        │          └─────────┘    │
        │               │是       │
        │               ▼         │
        │          ┌──────┐       │
        │          │延时2s│       │
        │          └──────┘       │
        │               │         │
        │               ▼         │
        │            ┌────┐       │
        │            │快退│       │
        │            └────┘       │
        │               │         │
        │               ▼         │
        │          ┌─────────┐ 否 │
        │          │接近开关1 ├────┤
        │          │是否有信号?│   │
        │          └─────────┘   │
        │               │是      │
        │    ┌──────┐是 ▼        │
        └────┤停止3s├──┤急停?│   │
             └──────┘  └─────┘   │
                        │否      │
                        ▼        │
                     ┌────┐      │
                     │停止├──────┘
                     └────┘
```

图 6.10 循环触发子程序控制流程图

根据以上流程图，再参考相关资料，编写液压传动系统的控制程序，使液压缸实现既定的运动。

(5) 编写、初调程序。

根据设计要求编写相应的梯形图控制程序。编写完成后，通过计算机将其传送到 PLC 中进行调试。

6．实训要求

(1) 熟悉液压元件、电气元件的结构和性能，以及 PLC 的性能。

(2) 根据提供的元件和 PLC，设计一个能够实现"快进→工进→停留→快退→原位停止"动作循环的液压传动系统，所设计的液压传动系统应能实现速度换接无冲击、快慢速换接位置精准。

(3) 利用西门子 PLC 完成控制程序设计。

(4) 以团队分工协作的形式完成方案设计、液压回路设计、电气控制回路设计、程序设计、液压回路和电气控制回路的组装与连接、系统调试及优化等工程设计的训练。

(5) 根据要求撰写实训报告。

7. 实训思考

(1) 在电路的组装，控制程序的编写、调试过程中遇到了哪些问题？原因是什么？

(2) 实训之后，你认为目前使用的 PLC 有哪些地方需要改进？请简要说明。

6.4　基于 PLC 的多缸顺序动作回路设计

采用继电器控制的多缸顺序动作回路存在电路控制及接线相对复杂、通用性不高、可靠性较低等问题。随着计算机技术的发展，PLC 得到了广泛应用，PLC 是在传统的顺序控制器的基础上引入了微电子技术、计算机技术、自动控制技术和通信技术而形成的新型工业控制装置，能够取代继电器执行逻辑、计时、计数等顺序控制功能，建立柔性远程控制系统。本实训以由"定位缸""夹紧缸""切削缸"组成的三缸某机床为例，要求在利用 PLC 完成对双缸顺序动作回路控制的基础上，设计利用 PLC 的多缸顺序动作回路。

1. 实训目的

(1) 通过本次实训，深入了解多缸顺序动作回路的组成、工作原理和特点。

(2) 掌握各种多缸顺序动作回路的设计方法。

(3) 熟悉所用仪器、设备的使用方法，并能够根据实验结果进行合理分析。

(4) 培养和锻炼解决工程实际问题的能力。

(5) 培养团队协作意识和创新设计能力。

2. 实训器材

机电液气综合实验台 1 台，各种液压元件若干。

3. 实训原理

电磁铁动作顺序见表 6-3。双缸顺序动作回路原理如图 6.11 所示。

表 6-3　电磁铁动作顺序

序号	动作	发讯元件	电磁铁		
			1YA	2YA	3YA
1	A 进	启动按钮	＋	－	－
2	B 进	L2	＋	＋	－
3	A 退	L3	－	＋	－
4	B 退	L1	－	－	－
5	停止	停止按钮	－	－	＋

注："－"表示失电，"＋"表示得电。

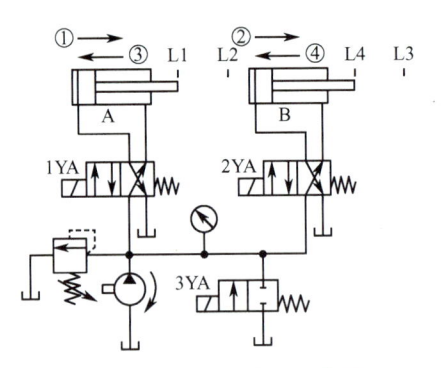

图 6.11 双缸顺序动作回路原理

双缸顺序动作回路的工作原理如下。

(1) 启动液压泵,电磁铁 1YA 得电,左换向阀处于左位,液压缸 A 中活塞杆向右运动,实现图 6.11 所示的动作①。

(2) 液压缸 A 中活塞杆前进,活塞杆触头压下行程开关 L2 后,电磁铁 2YA 得电,右换向阀处于左位,液压缸 B 中活塞杆向右运动,实现图 6.11 所示的动作②。

(3) 液压缸 B 中活塞杆前进,活塞杆触头压下行程开关 L3 后,电磁铁 1YA 失电,左换向阀恢复右位,液压缸 A 中活塞杆向左运动,实现图 6.11 所示的动作③。

(4) 液压缸 A 中活塞杆退回,活塞杆触头压下行程开关 L1 后,电磁铁 2YA 失电,右换向阀恢复右位,液压缸 B 中活塞杆向左运动,实现图 6.11 所示的动作④。

(5) 液压缸 B 中活塞杆退回,活塞杆触头压下行程开关 L4 后,电磁铁 1YA 得电,左换向阀处于左位,液压缸 A 中活塞杆向右运动,实现图 6.11 所示的动作①。

(6) 二位二通电磁换向阀的 3YA 得电,系统卸荷,液压缸停止工作。

4. 实训内容

(1) 根据实验原理,完成双缸顺序动作回路 PLC 实验验证。
(2) 改进双缸顺序动作回路的控制系统,完成多缸顺序动作回路设计。
(3) 在机电液气综合实验台上完成回路的搭接和运行操作。

5. 实训步骤

(1) 搭接液压回路。根据实验原理搭接双缸顺序动作回路,确定用于实验的液压元件。确认无误后,在机电液气综合实验台上用连接软管和接头将液压元件连接起来。

(2) 设计 PLC 程序。按照双缸顺序动作回路的要求,拟定手动单循环、自动单循环和自动多循环控制电路实验原理图。

(3) 连接电气控制回路。根据 PLC 程序,确定用于实验的电气元件,确认无误后,按照 PLC 的 I/O 分配地址,用导线连接实验电路。

(4) 编程仿真。按照手动、自动单循环和自动多循环控制要求,在上位计算机上进行编程(梯形图)和仿真,确认程序无误后,将其下装到 PLC。

(5) 电路调试。手动控制按钮、压力继电器或行程开关等电气元件,确认 PLC 程序控制的各电气元件动作无误后,开始实验,否则返回实训步骤(2),检查修改。

（6）修改液压回路 PLC 程序。在双缸顺序动作回路的基础上，完成多缸顺序动作回路的搭接和 PLC 程序的设计。

（7）实验验证。在机电液气综合实验台上验证修改后的液压回路和 PLC 程序，并将验证结果写在实训报告中。

（8）整理机电液气综合实验台。实训结束后，确认回路中压力为零，取下连接软管和液压元件，并将其归类放回指定的位置。

6．实训要求

（1）熟悉液压元件、电气元件的结构和性能，以及 PLC 的性能。

（2）根据提供的元件和 PLC，搭接多缸顺序动作回路。

（3）利用西门子 PLC，设计控制程序。

（4）以团队分工协作的形式完成方案设计、液压回路设计、电气控制回路设计、程序设计、液压回路和电气控制回路的组装与连接、系统调试及优化等工程设计训练。

（5）根据要求撰写实训报告。

7．实训思考

（1）在回路的组装及控制程序的编写、调试过程中遇到了哪些问题？原因是什么？

（2）本次实训之后，你认为使用 PLC 程序控制多缸顺序动作和使用继电器控制多缸顺序动作哪个更易实现？两者有什么优缺点？请简要说明。

（3）通过本次实训，总结一下如何设计 PLC 程序，设计流程是什么？

习 题

1．简述实现多缸顺序动作回路的设计流程。

2．设计一个利用继电器控制的组合机床动力滑台液压传动系统，要求实现"快进→一工进→二工进→停留 5 秒→快退"的动作过程。你作为团队（3 人）中的组织者，该如何分工？给出完整的液压传动系统设计结果。

【在线答题】

附录 1
设备保养与基本故障维修

1. 设备保养

(1) 实验结束后,要将各个元件清理干净,并将其归类放入相应位置,摆放整齐。
(2) 实验结束后,要将控制面板上所有自行连接的导线一一拔出,并统一归放整齐。
(3) 用干净柔软的棉布擦除控制面板上的各种污垢。
(4) 定期清理实验台上的灰尘、污渍,时刻保持设备整洁。
(5) 需要定期给加载板等涂油,以防生锈。

2. 基于故障检修

(1) 实验台不通电。

① 打开电源总开关,若下方指示灯均为熄灭状态,且电压表读数均为 0 V 时,检查外部电网供电是否接通。用万能表(选择 AC 电压测试挡)测试接线端各相之间电压是否为交流 380 V。

② 打开电源总开关,若下方指示灯只有一个或两个亮起时,应检查电源总开关右侧的熔断器。若熔断器座外部的 LED 红灯亮起,则说明该相熔断器已坏;如果熔断器良好,则检查外部电网是否有缺相现象。

③ 打开电源总开关,若电源总开关出现合上即跳闸的情况,检查由电源总开关输出的电源接线是否出现短路,拔出所有自行连接的导线,重新上电;若问题始终不能得以解决,请暂时停止使用该实验台并联系厂家。

(2) 无法启动液压泵。

① 检查交流 380 V 电源供电是否正常,确认各相熔断器是否正常。
② 若供电正常,检查急停按钮是否处于按下状态。
③ 检查电路搭接是否正确,检查各插线是否插接牢固。

(3) 电磁阀使用过程中不得电。

① 检查直流 24 V 电源供电是否正常,确认 24 V 熔断器是否正常。
② 检查电路搭接是否正确(参照各实验控制回路图),检查各插线是否插接牢固。

③ 如上述办法均未能查出原因，请直接将直流24V电源"＋""－"极两端接到换向阀两端，并用"＋""－"极交叉换线测试两次。查看电磁阀LED指示灯是否亮起，在通电瞬间换向阀是否有轻微颤动。

（4）护套插座松动。

打开模块盒，旋紧护套插座的螺母或更换新的护套插座。

（5）气动快换式接头无法插装。

① 首先在其他接头上插装气动快换式接头，查看接头是否正常。

② 查看该接头型号是否与其他接头型号相同。

③ 若仍然无法插装，可能是因为油管中留有残余压力，用开口扳手拧下接头，将内部残余压力释放出来即可。

（6）油管接头漏油。

① 若阴接头唇口内漏油，则检查密封圈是否脱落或老化，重新装入新密封圈。

② 若螺纹连接处漏油，则检查螺纹是否松动，并将其旋紧。

③ 若螺纹连接良好且无松动，但有些许渗漏，则用开口扳手将其拆卸下，在螺纹部分重新缠绕生料带，然后将其再次旋紧。

④ 若阳接头根部漏油，则更换组合垫圈并将其旋紧。

（7）模块弹簧卡故障。

① 新元件使用初期，容易出现弹簧过紧等情况，需将安装螺钉稍微旋松。

② 若弹簧卡不慎断裂，需将其拆卸下，并更换新的弹簧卡。

附录 2
机电液气一体化实训报告参考模板

×××大学

《机电液气一体化实训》报告

（20　级）

专　　　业：_____
班　　　级：_____
学　　　号：_____
学生姓名：_____
成　　　绩：_____
指导教师：_____
批阅时间：_____

机械电子工程教研室课程组编制

实训报告撰写及批阅说明

1. 实训报告撰写要求

一律采用小四号宋体字、1.5 倍行距撰写实训报告,并用 A4 纸打印,请按照附表 2-1 所示的提纲填写报告内容,字数不少于 3000 字。

撰写注意事项如下。

(1) 尽量采用专业术语进行说明。

(2) 根据实训项目完成过程,及时、准确、如实撰写实训报告。

(3) 应独立撰写实训报告,严禁抄袭、复制,一经发现,记零分。

2. 实训报告批阅说明

(1) 应及时、认真、仔细批阅实训报告,用红笔批阅,批阅成绩采用百分制,具体评分标准由课程组自行制定。

(2) 不能千篇一律地打"×"或"√",要实事求是地指出实训报告中存在的不足或错误之处。

3. 实训报告装订要求

批阅完实训报告后,以自然班为单位,按学号升序排列,由指导教师将所有学生的实训报告装订成册,并附上该课程的实训大纲和班级成绩单汇总表。

附表 2–1 实训报告撰写提纲

实训课程名称	
实训项目名称	
同组成员	
实训地点	
实训设备	
实训参考资料	

考核方式：过程考核 ＋ 终结考核；

考核要点：设计方案的可行性、模型或算法程序的正确性、功能实现的完整性、实训期间的出勤率及学习态度等；

结果评价：过程考核 20％ ＋ 终结考核 80％（实训报告占 50％，答辩成绩占 30％）

过程考核（20％）	终结考核（80％）		总评
	实训报告（50％）	答辩成绩（30％）	

实训报告正文见附表 2-2。

附表 2-2　实训报告正文

实训目的及意义	（此部分应简要说明所完成实训项目的目的及意义）	教师评阅
实训内容及要求	（此部分应具体阐述需要完成的实训内容及要求）	
实训整体方案设计	（此部分应画出拟采取的整体方案设计图，包括机械装置的结构简图、液气压回路图和电气控制原理图等）	
成员任务分工	（此部分应简要说明小组中每位成员所承担的任务）	
个人完成情况记录	（此部分应详细说明个人所负责任务的具体完成过程，包括对个人任务方案的设计和描述、实操过程中的记录和说明等）	
小组实训结果及分析说明	（此部分应完整地说明小组共同完成的实训结果，并对实训结果进行分析说明，即验证实验结果是否能满足实训内容的要求）	
实训过程中遇到的问题和解决方法	（此部分应简要说明实训过程中个人认为难以解决的问题，并相应地给出已采取的解决方法）	
个人实训心得体会	（此部分应真实地写出个人在本次实训过程中的心得体会）	
对实训的建议或意见	（此部分为非必填项，若对本实训课程或实训项目有好的建议或意见，可在此处说明）	

附录 3
AI 伴学内容及提示词

序号	AI 伴学内容	AI 提示词
1	AI 伴学工具	生成式人工智能（AI）工具，如 DeepSeek、Kimi、豆包、通义千问、文心一言、ChatGPT 等
2	绪论	举例介绍液气压传动技术在不同领域中的应用
3	绪论	解读液气压传动技术在装备制造业中的重要性
4	绪论	液气压传动技术的未来发展趋势具有哪些特征
5	绪论	举例介绍我国在液压智造方面的典型企业案例
6	绪论	解读数字液压的定义及两种不同发展方向：液压控制数字化和液压特性数字化
7	绪论	
8	绪论	AI 在液气压传动技术中的应用前景（500 字）
9	第 1 章 机电液气综合实验台简介	机电液气综合实验台产品介绍
10	第 1 章 机电液气综合实验台简介	机电液气综合实验台的模块组成及对应的基本功能
11	第 1 章 机电液气综合实验台简介	PLC 硬件系统的基本结构及工作原理
12	第 1 章 机电液气综合实验台简介	给出一种将机电液气综合实验台与 AI 结合的实验装置设计方案
13	第 2 章 液压元件的拆装及性能测试实验	液压元件的主要类型、性能指标及要求
14	第 2 章 液压元件的拆装及性能测试实验	液压动力元件的分类、结构、特点及工作原理
15	第 2 章 液压元件的拆装及性能测试实验	液压控制元件的分类、结构、特点及工作原理
16	第 2 章 液压元件的拆装及性能测试实验	直动式溢流阀、减压阀、顺序阀三者之间的区别
17	第 2 章 液压元件的拆装及性能测试实验	液压动力元件性能测试原理
18	第 2 章 液压元件的拆装及性能测试实验	液压控制元件性能测试原理
19	第 2 章 液压元件的拆装及性能测试实验	液压执行元件性能测试原理
20	第 2 章 液压元件的拆装及性能测试实验	举例说明超大型液压缸的使用场景及设计时需要考虑哪些极端工况
21	第 2 章 液压元件的拆装及性能测试实验	给出一种液压元件与 AI 结合的设计方案

续表

序号	AI伴学内容	AI提示词
22	第3章 液压基本回路实验	液压基本回路的定义、分类
23		溢流阀在液压基本回路中的重要性及作用
24		在液压传动系统中设置背压回路的好处
25		举例说明液压基本回路中常用的卸荷方法
26		液压基本回路如何与AI结合
27		提出一种与AI结合的液压基本回路设计方案
28	第4章 气动基本回路实验	与液压基本回路相比，气动基本回路的优点
29		举例介绍气动基本回路实现调速的方式
30		气动基本回路为什么往往采用排气节流调速，而不采用进气节流调速
31		给出两种能实现"快进→工进→快退"自动循环的气动基本回路设计方案
32		气动基本回路如何与AI结合
33		提出一种与AI结合的气动基本回路设计方案
34	第5章 液气压回路的FluidSIM仿真实验	FluidSIM软件的功能特点
35		液气压回路FluidSIM仿真模型的建立及参数设置方法
36		FluidSIM软件如何与PLC实现联合仿真
37		给出一种基于FluidSIM软件与PLC联合的振动下料机液压传动系统仿真模型
38	第6章 机电液气一体化实训	设计一套物料搬运机械手"伸→抓→缩→转→放"的液压（气压）传动系统
39		完成物料搬运机械手的FluidSIM仿真运行
40		物料搬运机械手的FluidSIM仿真运行结果分析
41		物料搬运机械手的实验验证
42		物料搬运机械手如何与AI结合

参考文献

储胜国，2021. FluidSIM 软件在液压与气动技术教学中的应用［J］. 造纸装备及材料，50（2）：141-142.

韩学军，宋锦春，陈立新，2008. 液压与气压传动实验教程［M］. 北京：冶金工业出版社.

刘锋，黄长征，罗昕，等，2024. 液压与气压传动综合探究性实验的设计［J］. 实验室研究与探索，43（9）：182-186，212.

刘银水，许福玲，2016. 液压与气压传动［M］. 4 版. 北京：机械工业出版社.

宋志安，王成龙，曹连民，等，2020. 液压传动与控制的 FluidSIM 建模与仿真［M］. 北京：机械工业出版社.

苏杭，刘延俊，2015. 液压与气压传动学习及实验指导［M］. 2 版. 北京：机械工业出版社.

向玉春，2019. FluidSIM 软件在液压与气动教学中的应用［J］. 数字技术与应用，37（10）：61-62.

张红俊，熊光荣，2009. 液压传动习题与实验实训指导［M］. 武汉：华中科技大学出版社.

张萌，2016. 液压与气压传动实验指导［M］. 武汉：中国地质大学出版社.